活出人生正能量

宋亚贤 著

中国出版集团

现代出版社

图书在版编目（CIP）数据

活出人生正能量 / 宋亚贤著. -- 北京 ：现代出版社，2015.12

ISBN 978-7-5143-4319-9

Ⅰ．①活… Ⅱ．①宋… Ⅲ．①成功心理－通俗读物
Ⅳ．①B848.4-49

中国版本图书馆CIP数据核字(2015)第279825号

活出人生正能量

作　　者	宋亚贤
责任编辑	李　鹏
出版发行	现代出版社
地　　址	北京市安定门外安华里504号
邮政编码	100011
电　　话	010-64267325　010-64245264（兼传真）
网　　址	www.1980xd.com
电子邮箱	xiandai@vip.sina.com
印　　刷	北京一鑫印务有限责任公司
开　　本	880×1230　1/32
印　　张	5
版　　次	2015年12月第1版　2022年7月第2次印刷
书　　号	ISBN 978-7-5143-4319-9
定　　价	32.00元

开始 （代序）

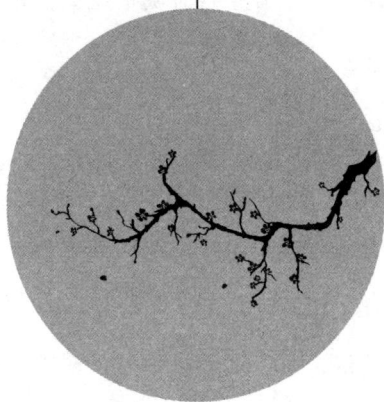

人生欲活个明白，需要想清楚两个问题，一是这一生的终极追求是什么，二是自己想要的生活方式是什么。

用心做人、勤奋做事，不忘初心，方得始终。

只要肯开始，就一切都不晚。

狄更斯在《双城记》里有句名言："这是一个最好的时代，也是一个最坏的时代。"时间过去了一百多年，这句话在今天仍有一定的启示意义。一方面人们在享受先进通信、交通技术带来的种种生活便利，另一方面又感叹生活节奏太快带来心灵的浮躁；一方面穷尽一生来拼搏事业追求名利，另一方面又感叹物质主义盛行人生信仰稀缺；一方面努力向城市迁徙，另一方面又时时怀念回不去的乡村家园。

　　这就是今天这个时代的特征，经济、科技、人文的前进洪流势不可当，社会环境日新月异。我们每一个生在这个时代的人，有幸目睹了社会快速进步和空前繁荣的这一段"历史"，但也在时刻面临着种种由于社会快速变化带来的焦虑、不安、困惑、矛盾。

　　一个人该怎么活，才能既不辜负时代赋予的机遇与厚爱，也能坚持心中的理想和激情？如何既能够通过努力来成就事业、体现价值，又能够通过修身养性、行善向上来实现内心的宁静和满足？做到如仓央嘉措所言"不负如来不负卿"的境界？

　　人生欲活个明白，需要想清楚两个问题，一是这一生的终极追求是什么；二是自己想要的生活方式是什么。这两个问题的求证，在教科书上是难以解开的，必须去经历、去感悟。如果以即将离开这个世界时的心情和心境，可以来倒推今天该有怎样的活法。究竟要怎样活，你才能算没白活？究竟要怎样活，你才证明这个世界你曾经来过？

许久以来，我就是带着这些脑海中的问题在生活、在工作、在感悟。已然三十而立，即将四十不惑，生活就是最好的老师，它在不断指引我寻找属于自己的答案。而有了这些理解和感悟后，内心就会希望着与朋友交流、分享。这就是这本书的初衷和来由。我的这些人生所见、所做可能并不新鲜，所思、所悟也并不高明，只是足够真实、诚恳而已。

那么，人生追求的终极目标是什么？或者说怎样才会活出真正幸福的人生？子曰：朝闻道，夕死可矣。这个道，说的就是做人的道理，或者说是人生的活法吧。但是，慢慢却发现人生追求与幸福是一个发散型的主观题，难有标准答案。年轻时可能认为找到一位美丽、知性、善良的人生伴侣就是最大的追求与幸福，初入社会有人会认为找到一份与自己兴趣吻合、受他人尊敬的职业就是最大的幸福，中年时有人认为把事业做大、体现出自己的人生价值是终极追求，也有人认为尽自己的能力让身边的家人过上幸福生活就是最大的幸福，还有人认为平安健康、活在当下才是最真实的幸福……

关于人生活法的感悟，林林总总，不尽相同。如果要将活法公式化的话，或许可以总结出这样一个模型：

成功人生 ＝ 长度 × 宽度 × 高度 ＋ 惊艳度。

长度是指人一辈子的健康与寿命，它本质上对于所有人都是平等的，但结果上又是大不相同。宽度是指人的视野和阅历，它与人的知识、经历、视野息息相关。高度是指人一生修养所得来的成就与价值，本质上它是一个人努力一辈子在某些领域带来的社会进步与贡献。长度、宽度、高度构成的立方体可称作为"人生的盒子"，形象来说人生努力的方向就是尽量延伸各条"边长"从而使得"生命的盒子"体积最大化。而惊艳度，那是指人生旅途中偶遇的流星和焰火，虽然次数少、时间短，但哪怕就一次，也会让你的人生回味无穷。惊艳度是人生的加分项，而不是必然项。

然而，一个成功的人生，并不只是身体健康、事业成功就够了，还要看看你为这个世界做了什么贡献，为他人提供了什么利益。只有每个人为他人、为社会做贡献，社会才会前进、和谐、美好。利他是每个人都需要具备的一个重要共识和品德。利他一方面是要行善向上，多做慈善义举，同时也包含在日常的生活和工作中，待人接物做到柔和、正直、包容、助人。如果说人活着就是一场修行，那么最重要的一课就是利他。常思利他之人，最终必会利己，如此正循环，生活就会处处阳光灿烂。

现实生活中，许多人金钱、豪宅、名车、名声、地位都有了，功成名就之后依然过得不快乐、不安稳，依然焦虑、担忧、对未来感到不确定。或许这个时候，要多多"修心"，让心安住在宁静、知足之中，珍惜当下，感恩一切。明白人生无常的道理，凡事尽力即可，得失不可过于执着。"喜不大喜，忧不大忧"，用心做人、勤奋做事，不忘初心，方得始终。

"利他成己把心安，活出人生正能量"，阳光、坚韧、智慧、坦荡，或许这就是当下这个时代最值得弘扬的活法。知道了方向，人生的轨迹就不会摇摆；找准了活法，面临选择就会懂得取舍。

关于这本书，想了这么多，剩下的就只有开始了。或许困难很多，或许疑惑很多，只要开始了，目的地就不远了。人生也是这样，无论什么事情，只要肯开始，就一切都不晚；停在原地，永远不会到达目的地。

目录

坚
持

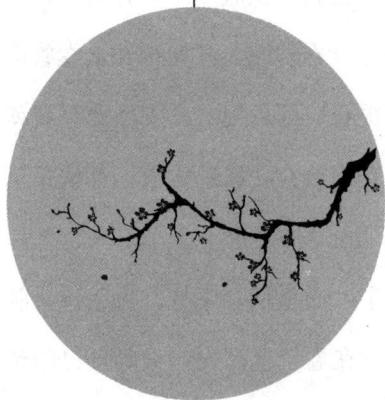

坚持是人生最重要的态度和技能之一。
持续努力，变平凡为非凡。

如果要列举人生最重要的态度和技能，坚持一定排名在前。

多少年过去了，有一幕一直印在我的脑海，无法忘却。那是2005年的9月，我在职报读、考取了华工的首届IMBA，前面的所有考试都已通过，学校突然通知要在某个周二的晚上增加英语专项选拔考试。当时我在广州的天河北上班，下班后交通极度拥塞，等我大汗淋淋赶到考试教室时，开考铃声已经敲响。我来不及调整呼吸和擦汗，忍着饿，开始摊开试卷答题。学校为了起到选拔效果，卷子很长、题目很难，刚做两页我就发现自己有点吃不消了。那一刻真想放弃，我感觉自己都快晕倒了，如果放弃这次考试就去读普通MBA，天也不会塌下来。可是，我心里头的那股韧劲瞬间起来了，心里默念坚持、再坚持，胜利就在前面。每做完一页题，我就在卷子上写一句鼓励自己的话，然后翻开下一页。那种情形，极像烈日下沙漠中军人的匍匐前进，窒息般的痛苦，但目标在氤氲的热浪中逐渐清晰。后面自然是顺利通过了考试，而且还取得了不错的成绩，在后面几年的学习中接触了许多的世界各地老师、国外英文原装课本，对自己的人生成长作用极大。

"泰山之霤穿石，单极之绠断干。水非石之钻，索非木之锯，渐靡使之然也"（《汉书·枚乘传》）。水滴石穿、绳锯木断，看起来不可能的事情硬是做到了，秘诀无他，唯"坚持"二字。人的一生，起点各不相同，运气各有机缘，方向四面八方，能力长短不一。然而，任何一个人，只要始终坚持自己的选择、始终坚持自己的步伐，他就一定可以在他的"射程范围"内成就自己的人生，活出自己的价值。反之，一个不懂坚韧、不能坚持的人，必定难以找到自己的人生坐标和意义的。

坚持，使精力和资源的聚焦越来越准。如果把人的一辈子当成一番事业来经营，必然也会碰到资源有限的困境，需要通过聚焦的策略来达成经营目标。当一个人始终坚持在某个方向上，他的时间、金钱、知识、能力就会日益聚焦，形成聚合效应，事半功倍就不足为奇了。

坚持，使现实与目的的距离越来越短。万丈高楼平地起，再高远的目标都是一步一步走出来的。荀子《劝学》讲，"不积跬步，无以至千里；不积小流，无以成江海"，说的也正是这个道理。

所以，小至一个短期目标的达成，大至人生理想的实现，无不需要踏踏实实去做、去付出，去经历挫折、面对困难，去煎熬内心、拨开迷雾。只有坚持走在路上，才会发现自己离目标越来越近。

坚持，使内部和外部的气场越来越顺。风靡世界的吸引力法则理论，就是指思想集中在某一领域时，跟这个领域相关的人、事、物就会被他吸引而来。坚持走某个方向，或者坚持做某件事，不但能优化个人自己的"资源配置"，由此体现出来的专业能力和坚韧精神，必会得到越来越多的人认可和尊重，塑造出利于自己成长和成事的内、外部气场。

坚持，也可能会使自己变得孤独，但这孤独往往让人变得更伟大。当你坚持走一条路的时候，愿意始终与你同行的人可能会越来越少，当你进入到一个境界时，身边能够理解、指引你的人可能会寥寥无几。但是，这因坚持远行而产生的孤独感，会让你的思考更深入，让你的目光更长远，让你的行为更坚定，让你走上超越旁人的成功之路。

坚持，使自己的人生路越走越清晰、越走越轻松。鲁迅先生说，这世上本没有路，走的人多了，也便成了路。人生何不是如此，孩时的理想大多是不靠谱的，小时候我们都觉得自己有改变世界的勇气和能力，可是长大了某些灰心的时候你会发现你啥也改变不了。其实，人生的路都是走着走着才清晰的。起步后，坚持一个方向走下去，翻过几座山头，经过几次阵雨，脚底磨破的皮肤长成厚茧，你一抬头，就会发现天边挂上了夺目的彩虹。

杨绛先生这样说过一段关于坚持的话："有些人之所以不断成长，就绝对是有一种坚持下去的力量。好读书，肯下功夫，不仅读，还做笔记。人要成长，必有原因，背后的努力与积累一定数倍于普通人。所以，关键还在于自己。"

"靡不有初，鲜克有终"，这是《诗经》中的一句话。意思是说人们大都有一个良好的开端，但很少有人能坚持到底、善始善终。用以告诫人们为人做事要坚持不懈。所以，坚持就是胜利，坚持可以变平凡为非凡。

沟通

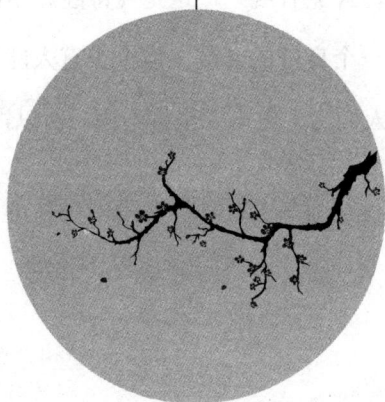

如果希望成为一个善于谈话的人，那就先做一个致意倾听的人。

有效的沟通取决于沟通者对议题的充分掌握，而非措辞的甜美。

成功的沟通技巧，一在于有效性，二在于让彼此舒服。

美国通用电气公司的新任董事长兼 CEO 杰夫·伊梅尔特上任之初，有一次来到中国和 30 多位顶尖企业家交流，他介绍了自己的工作方式，即每个月里花 30%～40% 的时间用于和员工交流，20% 的时间访问客户，10%～20% 的时间用于审查业务计划、产品计划、财务计划，最后剩下的时间还是用来跟外部沟通。这样算起来，通用电气这家具备全球顶尖影响力的企业的 CEO，几乎花了 70% 的时间用于沟通上。而伊梅尔特，是企业经营大师杰克·韦尔奇花了 6 年时间，从最初的 24 名候选人中严格选拔出来的，韦尔奇评价他具有过人的智慧和协调能力。

当然，沟通不只是对于一个领袖人物而言重要，对我们生活在今天社会的每一个人，都是极其重要。往小里讲，沟通是一项生活技能，它能让你学习、工作、交友更顺利、更融洽；往大里说，沟通也是一项修行，它关乎你的修为、成就、福报。

沟通的通俗理解，就是说话或表达，看起来极简单的。等人有了一定经历后，才发现把话说好绝非易事。明朝憨山大师作了一首脍炙人口的禅诗《憨山大师醒世歌》，其中有几句就讲到了说话的机要："从来硬弩弦先断，每见钢刀口易伤；惹祸只因闲口舌，招愆多为狠心肠；是非不必争人我，彼此何须论短长；世事由来多缺陷，幻躯焉得免无常。"这几句话，总结起来，就是不说硬话、气话，不说闲话八卦，不与人争论高下，不妄论他人缺陷。

生活中说硬话、气话多的人，除了当时貌似痛快，大多会发现最后言过其实、难以收场，这时反而会后悔当时把话说过了。而爱扯闲篇、扒八卦、传谣言的人，往往会让人觉得格调不高，不可信任，不宜深交，有些时候还会因此惹祸上身，实在不值得。不与人执意争论高下、比较短长，这考验一个人的气量，很多事情没有绝对，只有看问题的角度不同，所以争论长短除了面红耳赤的场面，实际上对方难以在心里折服。人无完人，金无足赤，对于他人的缺陷和短处，尽量不要故意提及，懂得这样做的人，才会赢得他人的尊重和喜欢。

在平时的工作和生活中，掌握一些沟通的技巧，可以让沟通的效果事半功倍。窃以为，好的沟通有两个特点，一是有效性；二是让人舒服。如果做不到同时具备，最少要达到其中一点。一般而言，一场好的沟通，要注意这五个方面，即充分准备、选对氛围、认真倾听、切中兴趣、求同存异。

任何一场稍微正式的沟通，应该都会有议题和目的。所以，在沟通前做好充分准备十分必要，弄清楚会议的关键点和目的，确保关键人物能够到场，了解所有参加沟通的人的背景、偏好、利益关注点、能做多大的决定，对于谈判类沟通还要提前判断是否需要让步及让步的底线。有了这些准备，沟通的时候就会从容有序，更容易达成沟通目的。葛洛夫说过，有效的沟通取决于沟通者对议题的充分掌握，而非措辞的甜美。

　　选对氛围，可以让参与沟通的人更好地进入状态，即所谓让人舒服。比如头脑风暴会，可能选一个开放式会场或者公司外的会场，会更能让人打开思维、启发灵感。比如一场行业交流会，选一个圆桌会议室就会好于一个教室类会议室。每个季度，我都会组织我们企业里部分市分公司的业务骨干来省里开会，讨论当前营销工作中存在的问题和下一个季度的市场营销工作重点。市分公司的兄弟姐妹们在省公司"高大上"的会议室里一坐，其实还是很拘谨的，因为他们可能要考虑哪些该说、哪些不该说。后来我摸索出了一个办法，一是不邀请更高级别领导参加；二是我私人请他们喝一杯星巴克咖啡。十几个人的会场，星巴克一上，气氛立马就变得轻松、活跃、融洽,大家边喝边谈,酸甜苦辣、问题建议都展现出来,而且他们互相之间还就一些问题现场交流、彼此解惑,效果非常好。

倾听,或许是有效沟通的首要关键。管理大师德鲁克有句名言,"如果希望成为一个善于谈话的人,那就先做一个致意倾听的人。"真诚的倾听,一方面是有利于让你迅速了解对方的想法、问题和需要;另一方面是让对方感受到你的诚恳、耐心和修养。先听后说,多听少说,完整听简短说,这就是沟通中要把握好的"听"与"说"的关系。沟通中,切忌不顾他人感受谈个滔滔不绝,尤其忌讳那种一开口就停不下来的状况,不管是有意还是无意,这样的沟通者会让人觉得很厌恶,只想早点结束离开。

切中兴趣,是让沟通可以融洽地进行下去的要领。所谓"话不投机半句多",要碰撞出火花,就最好在双方感兴趣、关切的话题中展开。如果事前对对方兴趣把握不准,就需要在交流的过程中边听、边说、边看,慢慢矫正话题。

求同存异是沟通目的达成的重要方法。心有灵犀、相见恨晚式的沟通当然最好,但更多的时候,大家会既有共识、也有己见。那么就先尽量达成共识,有不同看法的地方先保留,待后续时机成熟再解决。在沟通过程中,应尽量换位思考,站在对方的角度来理解对方的立场和难处,同时多肯定、多提建设性意见,少批评挑刺。

对于工作场合，可能最常见的沟通场景就是开会了。会议场景、目的不同，发言的重点、方法也需要调整。比如按参加会议人数的不同来分，开大会时尽量多说"好话"，因为大会多是通告型、表决型、学习型的会议，气氛融洽是最重要的；开3～10人的中型会议时，多提可操作的具体建议，这种会议的主要要目的是解决问题；至于2～3人的小型谈话，则可多讲心里话，毕竟这种小场合下无论是表扬还是批评，大家都不会觉得难堪，真诚恳切、直面问题会比较好。当然，对于一些特殊形式、特殊要求的会议，这些建议可能并不适合，而需要看具体情况而定了。

除了会议，工作上的沟通方式还有种种，比如写信、电话、短信、电子邮件、论坛、文章往来等。比如我所在的企业全国有30万员工，董事长每逢公司启动重大改革或者做出重大安排时，经常采取写公开信的方式和员工沟通。开始我还不明白其中道理，后来才知道这是一种"一对众"的有效沟通方法，它可以让30万员工在最短时间内，清晰地感知到掌舵人的所思所想。所以，沟通并没有定势，关键是要达到最好的效果。

在平时的生活场合，说话聊天也需要把握好几点。一是朋友间可以开玩笑，但不能揭人底、笑人短，尤其不能嘲笑别人的生理缺陷；二是可以表扬人，但要真诚，表扬中有具体事实依据，尽量不要去表扬上级，尽量不当面表扬人；三是接受别人表扬，或者介绍自我的长处或经历时，记得"先盖一层土"，尽量谦虚、放低一点；四是碰到说话尖刻、喜欢攻击对方的人，尽量缄口、保持微笑，如确实要发表意见，可站在其角度表示认可，或者绕开原则性话题。

一个真正善于沟通与说话的人，还需要掌握另外一项原则，那就是不该说的坚决不能说，对于有些事情要做到守口如瓶。一是对于自己取得的成绩、荣誉等功德，要守口如瓶，不可到处宣扬，给人自吹自擂的感觉；二是对于别人的缺陷和过失，也要守住口德，不可宣扬；三是对于自己未来之计划，也就是有了想法但未成之事，也要像秘密一样保守，不然众所周知后，可能会遇到很多违缘和阻力，不利于最后计划的实现；四是两个人之间或者小范围约定的秘密，互相承诺过要保密，那么就最好不要向其他人透露。除了第四条比较容易理解和做到，其他三条都蕴含了极其殊胜的原理，值得认真领会、践行。

所以，沟通并没有定势，关键在于尊重与走心。让人觉得舒服而又能达到预期效果，就是最好的沟通了。

善变

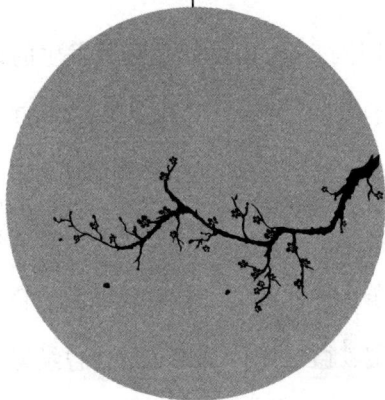

世上只有变化，才是唯一的不变。

主动求变、善于应变，才能在这快速变化的时代掌握先机、赢得从容。

辉煌属于昨日，明天一切从头。

我们处在一个颠覆和被颠覆的时代，保持改变的勇气和能力，就能将变革转化为机遇。

这里所说的"善变",并不是日常生活中理解的易变多变、朝秦暮楚之意,而是善于认识世界变化本质、不断提升自我主动应变的意思。随着科技的进步和人类文明的提高,今天的社会进入了一个"快进"的状态,节奏飞快、信息巨大,一切都在飞快地变化。我们每个人都必须有善变的意识、求变的行动、快变的能力。

时间如果退回到20年前,那么今天发生的许多事是难以想象的。比如说免费成为一种流行的商业模式,360杀毒、征途游戏、微信电话、和君商学院等都是典型案例,打破了古人"天下没有免费的午餐"这一说法。比如说跨界成为一种成功的商业模式,三家电信企业竞争得你死我活,却发现以前的合作伙伴腾讯才是竞争对手;支付宝、微信支付、翼支付让曾经无比庞大的银行体系惊慌失措;恒大集团从房地产起步发家,如今却把恒大足球俱乐部运营成了亚洲最佳俱乐部之一,还同时在往食品、文化娱乐业大步前进;阿里巴巴雄起于网上商务,现在却接连银行金融业、生活服务业、文化娱乐业,这不,阿里影业参与投资的大片《谍中谍5》正在全球热播……这些,都在一定程度上打破了古人"术业有专攻"的说法。

还有许许多多划时代意义的变化,每一天都在身边发生,比如手机取代专业相机,移动上网用户超过固定宽带上网用户,机器人替代流水线工人,网络支付取代现金和银行卡,网络购物让数以万计的临街门店难以生存，汽车可以自动驾驶，每个人都成了一个随时生产新闻和资讯的自媒体……

而今天人们的日常生活，与网络互联技术有着千丝万缕的联系，互联网正从移动互联走向万物互联。很快，这个世界上很多电器、设备、机器都将加入网络与人相连，一切都将网络化、智能化。网络时代有三大定律，一是摩尔定律，即微处理器的速度每18个月翻一番，意味着微处理器的更新速度在不断加快，每10年会快100倍；二是吉尔德定律，在未来25年，通信网络主干网的带宽将每6个月增加1倍，其速度比摩尔定律预测的微处理器增长速度还要快三倍；三是梅特卡夫定律，网络价值与网络用户数量的平方成正比。这三大定律互相结合和作用，变化的速度又会进一步加快。互联网络的快速进步，成为社会快速变化的巨大推动力量。

在社会变化的大背景下，人和人的关系在发生着巨大变化。人和人之间的连接渠道和手段空前丰富，通过网络许多陌生的粉丝、用户保持着信息共通，苹果有"果粉"、小米有"米粉"、华为有"花粉"；在外吃饭住酒店先上大众点评看别人的评价如何；许多人通过微博、微信公众号和朋友圈发布自己的生活状态，维持着与数以千计的朋友的联系。互联网的进化让社群成为一个热门名词，共享经济时代已经到来，大家都在倡导社群理念，连接广大社群市场，并通过合作实现社群共享。

一呼一吸间，生命已经发生变化；一分一秒下，环境已经有所不同。当变化成为一种社会常态，而且变化的速度越来越快，变化的范围越来越广，身处其中的每一个个体，都需要有主动求变的意识和勇气。很多时候，人们由于生活的惯性不愿意面对变化，总觉得改变就等于损失、受苦，改变会使目前的"确定"将变为未来的"不确定"。但是，社会和环境的确时刻在变，人改变不了外部环境，就只能去改变自己，接受变化、拥抱变化。如同"逆水行舟，不进则退"，不及时扩充自己的知识、提升自己的技能的人，终将会被时代所抛弃。任正非说："过去人们把创

新看作冒风险，现在不创新才是最大的风险。"

善变的前提是"知势"。宋·释道原《景德传灯录》曰，水涨船高，泥多佛大。意思是水位上涨，船也就跟着上浮；泥土多了，塑造出的佛像自然就大。说明情况随着条件的变化而变化，事物跟着它所凭借的基础的提高而提高。所以，人们不断改变、提升自己的前提，是要弄清楚外部环境的变化趋势和走向，了解未来的方向。而把握趋势并非易事，必须先剖析历史、分析现状。比如观察中国改革开放以来的就业风潮——20世纪80年代考虑去不去闯深圳，20世纪90年代考虑去不去下海，2000年考虑去不去考公务员，2010年考虑搞不搞互联网，2015年考虑去不去开展互联网＋创业，就可以发现，未来一段时期的中国，将是"个体激活"和"个体价值"的时代！雇员制极有可能消失，取而代之的是"合伙人"制，组织与员工成为一种平等、共生的关系。在这种大势面前，个人就业的最好选择要么是大胆去创新和创业，争取先发优势；或者在国企、事业单位中面向未来、面向外部不断提升自己，既提升自己对组织的"贡献"，也让自己保持一种"可以随时离开"的能力。

善变的关键是"勇气"。改变的情景一般有两种，一种是"穷"变"通"，一种是"通"变"大通"。无论是哪一种，都需要巨大的勇气。人在低点时，更容易有动力去努力、去改变，所谓"穷则变、变则通、通则久"。但这种情况下的改变，需要个人的巨大努力和忍耐，因为这是一种"攀爬"式努力，可以凭借的资源会极其匮乏，甚至遭遇许多不公平待遇。而"通"变"大通"，则更需要勇气，要求人永远不要满于现状，辉煌属于昨日，明天一切从头。具有这种勇气和智慧的人，注定不会是一个平凡的人。在我们单位，有一位年轻的高层领导，他对待工作既投入、又严格，从不迷恋昨日成绩、一心只想开拓进取。比如，他对于经营分析的PPT材料，要求每一张PPT无论写得多好，都不许原封不动地重复用到另外一份材料中，因为每次汇报的对象、时间、目的、环境都不同，不能偷懒而重复利用。在他的带领下，他所在部门的很多工作都做在了同行的前头，部门连续多年蝉联"优秀绩效单位"，他自己也升职成为公司最年轻的领导之一。

善变的途径是"积累"。新东方俞敏洪曾说过，为了不让生活留下遗憾和后悔，我们应该尽可能抓住一切改变生活的机会。如何不断成功地实现"改变"？唯有持续不断地学习和积累，先具备实力，再抓住机遇，人生的改变和飞跃就会发生。学习和积累的途径有很多，多看良书，多交益友，多做实践，多去感悟，人生的提高和改变就已经在发生中了。尤其要注重"感悟"二字，是能力提升的捷径。比如戴尔·卡耐基有一句名言，"太阳能比风更快脱下你的大衣，所以仁厚、友善的方式比任何暴力更容易改变别人的心意"。这就是典型的"禅悟"了。

当然，善变的正确理解应为主动求变、谨慎求变，而绝非多变、易变，不是"三天打鱼两天晒网"。易变多变、朝秦暮楚之人，既不会得到他人尊重，也极难获得人生成功。

9月12日，我有幸去华南理工大学听了一堂陈春花教授的公开课《激活个体——互联时代的组织管理》，激荡心灵、受教良深！陈老师课程的核心在于阐述组织与个体在新环境下的关系，关键字眼就是一个"变"字。以前强调个体对组织的贡献与服从，现在个体与组织是共生关系；以前组织的发展都是目标导向，而现在必须建立外部导向，因为外部环境在时刻变化，目标导向极有可能变得不切实际；以前强调组织要有一定的弹性能力，现在则需要完全打开组织的内外边界，让外部有能力的人和资源能够低门槛地进来。陈老师提出，在目前的社会环境下，对管理者有四项新要求，一是和员工界定并建立共同目标，而不是单方面"下指标"；二是沟通中提出观点而非问题，今天的管理者再也不能动不动去找别人的缺点、指别人的问题了，而是应该提出建设性的观点，帮助结果达成；三是要多方位沟通并包容多样性，充分尊重每一个人的沟通方式；四是注意把个人责任感作为组织的核心价值观之一，这样才能让个体的独立自主精神产生最大价值。陈老师讲授的虽然是组织与管理者如何应对"变"之挑战，但对于每个"个体"，具有同样的启示意义。

课堂上，陈老师讲了一个小故事，让人印象极其深刻。陈老师目前身兼中国最大农牧集团——新希望六合集团的联合董事，公司员工有6万人。在一次新员工的见面会上，有人问她："陈老师，我最大的愿望就是能够见到你并成为你的朋友，请问我该怎么做？"陈老师回答他："只要你足够优秀！"多么深刻而又质朴的道理！想要和偶像认识并做朋友吗？那就持续、快速提升自己，把自己"变"得足够优秀，你就能达成自己的愿望了，而不要去指望偶像会从千万人中俯身独"爱"你一个。就像你仰望一座高山，那么与之相交的最佳办法，就是你通过努力把自己也"变"成一座高山，当你发现你们两个可以平视的时候，你们之间建立友谊就是一件水到渠成的事了。

　　我们处在一个颠覆和被颠覆的时代，保持改变的勇气和能力，就能将变革转化为机遇。所以，我们每一个人，都来做一个"善变者"吧，在修炼自己、完成自己、造福社会的路上，永不骄傲自满、故步自封，永远积极进取、突破自我！用一辈子的学习和努力，把自己"变"成豪迈的高山、大海、长河，或者深沉的星空、幽谷、苍漠，让自己的人生无憾、通透、自在、圆满。

精
进

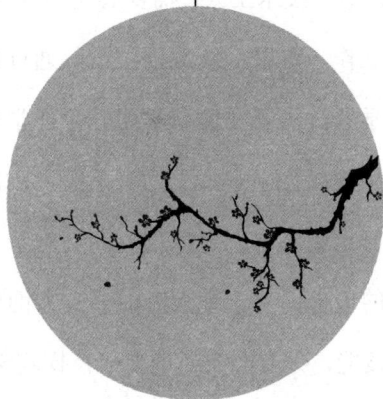

　　所谓精进，就是"心要专，行要不退"；就是拼命努力、心无旁骛、埋头眼前的工作。

　　勤奋工作不仅创造经济价值，而且提升人本身的价值。

　　一个人要达到名人高手的境地，就不能缺乏地道的精进。

在这里，"精"就是心要专，"进"就是不退，"精进"合起来就是心要专、行要不退。稻盛和夫在其经典著作《活法》中这样定义精进："所谓精进，就是拼命努力、心无旁骛、埋头眼前的工作。"而在佛学中，精进则是努力向善向上之意。

精进是每个人一辈子事业有所成就的关键，是人生中最需要坚持学习的课程。对于技术工人，需要心无旁骛地学习技术原理，埋头作业现场的工作，琢磨创新改进之道，通过精进成为行业的技术能手；对于学者，需要在钻研学问、论证学理上孜孜不倦，通过精进在某个领域成为学术大家；对于医生，需要不断积累医学知识和经验，努力突破前人未能攻克的疑难杂症，通过精进达到"妙手回春"的境地；对于军人，需要一方面学习掌握最新的军事武器知识和技能，一方面在战场上日夜摸爬滚打、流血流汗，通过精进达到"听党指挥、能打胜仗、作风优良"的时代要求。

日常的劳动和工作，就是实现精进的最重要途径。一般认为，工作是谋生的手段，其目的在于挣钱"维持生计"。其实不然，工作还具有控制欲望、磨炼心志、塑造人格的功效。

提到磨炼心志，很多人会联想到宗教所说的修行。其实修行不在山上，只要用心，日常工作场所也即修道场，聚精会神、全情投入每一天的工作，就能提升悟性、磨炼灵魂。所以说，工作不仅创造经济价值，而且提升人本身的价值。

记得高三的时候，我的成绩并不是最拔尖，英语只是中等成绩，数学、物理、化学不是很稳定，唯有语文比较靠谱。虽然总体成绩尚可，但由于课本知识掌握不透彻，每次考试前我都很紧张，很怕碰到那种让脑袋"发蒙"的题目。对于这种情况，我在心里暗暗着急，但又找不到解决办法。高三那年的春节，很多亲戚来家里给我奶奶拜年，姑父看我并没有紧张复习的样子，笑着对我说了一句："亚贤，剩下这半年可能就是决定你人生命运的时刻了，你要拼命努力啊！"姑父这句话一下子让我醍醐灌顶，我马上明白我的问题出在"没有静下心来拼尽全力"！

从那天开始，我的心竟一下子静了下来，搬了小桌子小板凳在自家院门口认真背书，做复习题，任他再多走亲访友的人们在家门口经过，任他再多的同辈伙伴们疯玩疯闹响彻村庄，我都不再在意，我已经完全沉浸在自己的世界。印象深刻的是，连平时很讨厌的黄冈试卷——字小、行密、题刁钻，我做起来也是充满亲切感，一题接一题非常顺畅，就像有"神灵相助"。就是从这个时候起，我发现我对月考的恐惧变淡然了，甚至有些期待，而我这半年里的考试分数，竟然是一次比一次高，再无反复。最终高考时，我以一分之差名列全校第二，侥幸超过了一些以前排名远在我之前的同学。儿时的这件小事一直深刻我脑海，直到我读到稻盛和夫的《活法》，我才知道这就是精进的原理，只要在学习、工作上全情投入，就会获得"有如神灵相助"的效果。

在工作上，我也有一段经历让自己印象深刻、获益良多。正如我之前提到过，在2008年到2013年这五年里，我的工作岗位是最繁累、最枯燥的经营分析工作，整天与PPT、EXCEL打交道。月度经营分析、季度营销安排、上级领导调研汇报、兄弟单位交流汇报、半年与年度会、务虚会与规划汇报、不定期的专题汇报……领导要求又极高，要求每张片子都结论清晰、逻辑合理、数据准确、表现直观，所以每次做经营分析都犹如生一个孩子般痛苦。但是当看到领导以身作则玩命般努力工作，以及为了不辜负领导寄予的信任，我把自己彻底投入进了工作。我发现，一旦抱定"心要专"和"行不退却"的观念，经营分析工作其实没有那么难、没有那么苦。

而且在这五年加班加点、苦中作乐的工作中，我发现自己有了两点额外的收获。一是我发现自己的性格、态度、习惯、情商都有了变化，变得比以前更踏实、更沉稳了，不再把冲动棱角简单当作优点来自我安慰，不再把浮在表面、不知就里的工作方式当作一种当然来看待。二是我发现自己在工作中学习、感悟、总结出了不少道理，对其他方面的做人做事帮助巨大。比如说做事要聚焦、要抓主要矛盾，就如两人打架时"与其伤其十指，不如断其一指"。的确，与其弄伤对手十个手指头，还不如上前就一刀砍断其一根手指起到的效果好。这句话从此深刻在我的脑海，提醒自己无论做任何事，都要聚焦、再聚焦，就会达到事半功倍的效果。

稻盛和夫在《活法》中提到了人生磨砺心志、自我提升的"六项精进"，的确是每个人修炼精进的绝好指引。

一是付出不亚于任何人的努力。做事要努力钻研，比谁都刻苦，而且锲而不舍、精益求精，努力向上提升。

二是谦虚戒骄。用谦虚之心唤来幸福，净化灵魂。

三是天天反省。每天检点自己的思想和行为，有没有自私自利，有没有懈怠放松，有没有卑微怯懦，有错即改。

四是活着就要感谢。活着就是幸福，培育感恩之心，有恩不忘相报。

五是积善行、思利他。"积善之家，必有余庆。"言行之间行善利他，必有好报。

六是不要有感性的烦恼。不要老是愤愤不平，不要让忧愁支配自己的情绪。要全力以赴、全神贯注地投入工作，以免事后懊悔。

通过勤奋的工作，人们可以提升自己的精神境界，获得厚重的人格。在工作中所获得的喜悦，是娱乐和玩耍无法替代的。在工作上聚精会神、孜孜不倦、攻坚克难，达到目标时的成就感，也不是其他喜悦可以类比的。有句玩笑话说，"认真工作中的男人最性感"，讲的大概也是这个道理。

一个人要达到名人高手的境地，就不能缺乏地道的精进。发自内心地喜爱自己的工作，付出不亚于任何人的努力，全神贯注、全情投入，人们就会逐渐懂得人生的意义，实现人生的价值。

惜
时

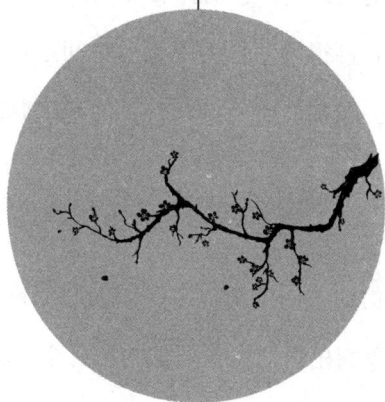

时间对于每个人都是公平的，但使用的效率却各有不同。

珍惜时间，等于延长了生命。

能管理好自己早晨的人，就能管理好自己的人生。

相比于金钱、地位等而言，时间是每个人最公平的资源，也是最宝贵的资源。"明日复明日，明日何其多"，对于生活散漫、缺乏人生目标的人而言，时间充裕得好像用不完。但对于有着明确人生理想、始终为之奋斗的人而言，时间永远不够用，只有好好珍惜，不虚度光阴。

时针的前进是匀速的，但时间在不同的情况下是有快慢的。人小的时候，时间过得慢，长大成人后时间过得快；难过、低潮时过得慢，得意、顺利的时候过得快；散漫无聊时过得慢，聚精会神时过得快。

最近参加了一个由结构思考力研究院李忠秋院长发起的"每日三件事"的微信朋友圈活动，对时间的感觉再次敏感起来。大致就是每天在群里写出自己当天要做的三件事，连续坚持 100 天，群友们互相监督。这个看起来容易，做起来可不容易，一天三件事还行，每天三件事就很有挑战了。周一到周五，我给自己定的三件事是高效工作 10 小时、跑步 5000 米、读书或码字 2 小时。由于工作忙，经常下班就很晚了，只好中午休息时间或临睡前挤时间看书写字。另外，跑 5000 米得花 45 分钟左右时间，这只能是晚上完成，只好尽量减少晚上应酬，不然就根本做不到。这样一来，一天的时间都被绷紧了，别人如果要花我计划外的时间，简直比从口袋里抢钱更难受。

小时候看鲁迅先生的自我介绍，他说他并不聪明，只是他把

别人喝咖啡的时间用在了写作上。现在想想，这话多么朴实！身边有一个叫云山的同事，是个能干、有才又充满情怀的人，作为一个重要部门的领导，他尽量压缩自己的应酬时间，中午也从不午休，坚持每天写一篇评论文章，风雨无阻，截至目前已经超过500篇了，其中许多文章引起了很大的社会反响，连集团董事长也转发过他的文章。相信这些体系性的感悟与总结，会对他将来的人生和职业发展起到很大作用。尤其是这坚持惜时而养成的韧性与能量，会对他在完成自己之路上如虎添翼。

少年惜时，奋发图强。"劝君莫惜金缕衣，劝君惜取少年时。花开堪折直须折，莫待无花空折枝。"这出自杜秋娘七言绝句《金缕衣》，令人印象深刻。简单的四句话，回响着"莫负少年好时光"的主旋律。从儿童到成年的这一段时间，是人一辈子中最单纯、最善学的时光，人生成就的基础就在这个时候完成。"三更灯火五更鸡，正是男儿读书时。黑发不知勤学早，白首方悔读书迟。"少年时的我，受兄长及姐姐的熏陶，以及对外面世界的渴望，在学习上一直比较努力。从小便养成了先完成作业、再吃饭、再玩耍的顺序，初中开始住校（虽然学校离家极近），晚上的乡村中学经常停电，便就着同桌的煤油灯学习到深夜。高三下学期，几乎是"两耳不闻窗外事，一心只读圣贤书"，早上六点半到晚上10点半，都在紧张的学习中度过。印象最深的是中午，别人吃过午饭大多午休去了，只我在午饭后继续回到教室学习，在下午上课的10分钟前，我才一路小跑回寝室，一头扑到床铺上，一动不动的眯上10分钟。在现在的人来看，这种"苦学"可能并不值一提，甚至是智商不足的表现，可是，在当时的那种环境下，争分夺秒、苦学成才是最可行路径。多少年过去了，偶尔回望过去，依然感叹那个愣头愣脑、刻苦学习的男孩，他用努力和惜时，改变了自己的人生轨迹。

中年惜时，成就事业。少年时期的学习和成长是打基础，中年的努力拼搏、建功立业就是在盖成人生的大厦了。李开复在《世界因你而不同》中曾说，一个世界有你，一个世界没有你，而这两个世界的差别，就是你的人生价值和意义。人活一世，不可辜负上天好生之德，一定要争取"活好"，通过在某个事业领域的努力和创造，活出自己的价值，为社会和后人造福。然而，人到中年，各种社会责任同时涌来，面对的诱惑和选择也多了起来，在日常工作、人际交往、偷闲享乐中，容易消弭意志、忘记初心。总感觉时间不够用，索性不去计算珍惜，如此一来，与人生理想的目的地便渐行渐远。所以，人到中年，更应惜时，"业精于勤荒于戏"，控制、减少不必要的社会交往，避免陷于过度的休闲娱乐，集中精力，把有限、可控的时间都用到自己的"主业"上。长此以往，必有所成。一个人聚精会神、全力以赴地做好自己的事业，带来的收获并不止成就事业本身，还会完成人生圆满的修炼。

老年惜时，圆满人生。人生进入暮年，依然需要惜时吧。身边有些长辈，退休后精神立刻差了一大截，尤其是高职大权上退下来的老人，有种"被社会抛弃的感觉"，或者意识到"在一天比一天更接近离开这个世界的时刻"。或许，这是人之常情，难能免俗。但是也有人，能够做到豁然、乐观，依然喜欢、珍惜这美好的一分一秒，活出人生的新精彩、新高度。三年前，我们单位有位老领导退休，他写给大家的感言中有一句"我即将开启自己的第二度青春，我将去尝试很多以前想做却不曾做的事情，感受人生更宽阔的绚烂和精彩"。他坚持和年轻人一起锻炼，通过微信、微博与日新月异的世界保持着连接，坚持和老伴一起走遍国内、国外，喜欢的摄影也日见功力。如果说有一面老年惜时的当代旗帜的话，杨绛先生可能最当之无愧。1997年爱女钱瑗去世，1998年丈夫钱锺书去世，四年后，92岁高龄的杨先生出版回忆录《我们仨》，随后在96岁时出版哲理散文集《走到人生边上》，在102岁出版250万字的《杨绛文集》八卷。老年人生，除了重新开始的人生态度，从工作到生活、从修身到修心、从奔放到平静的转变和修炼，都是人生圆满的重要课程。

如果说惜时有窍决的话，我觉得最重要的或许有三点。一是科学安排时间。时间管理科学将事情从重要性和紧急性两个维度分成四类，有计划地处理重要而不紧急的事情，花最少的时间在不重要的事情上，这样的时间安排往往是最有效率的。二是不断制订短期的目标和具体的实现计划。短期目标及其具体实施计划，可以有效地将你的时间进行量化，并"逼迫"自己不断提高时间效率。前面提到的"每日三件事"就是一个例子，它让我感觉到时间如此不够用，所以每天都必须全力以赴。三是"一日三省吾身"。曾子曰："吾日三省吾身：为人谋而不忠乎？与朋友交而不信乎？传不习乎？"每天早上或晚上从多个方面检查、提醒自己，这一天所做的事是否正确和合适，否则就尽快改正。将每天的时间用在正确的事上，就是最好的惜时。

珍惜时间、奋发有为，总是说起来容易，坚持起来难。一个真正觉悟了的人，就会自觉将道化为用，就会从下一刻、从小事做起。珍惜时间的一个最有效的方法，就是珍惜、用好每天的早晨。"一日之计在于晨，一年之计在于春"，在农村干过农活的人还知道一句话，"早起三工当一工"，意思是说起三个早床，就相当于多干别人一天的活。坚持早起、用好早晨，一个人就会比别人多出大量的高效率时间，而且还可由此锻炼心志，提升信心，直至达成人生理想、完成自我。能够管理好自己早晨的人，就能管理好自己的人生，此言不虚矣。

守诺

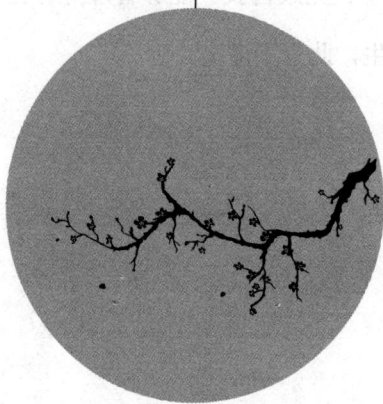

人而无信，不知其可也。

轻诺必寡信，多易必多难。

盛喜中，勿许人物；盛怒中，勿答人书。

先许后察愚者举，先察后许智者轨。

2015 年 4 月份的一天，我把车停在马路边等人，前边停了一辆豪华奔驰。我正在车内低头看手机，突然有人敲我的车窗，一看才知道就是前面奔驰的车主谢大哥。他说车轮胎被扎破了，打电话喊来的修车师傅不会使用原车进口的千斤顶，想借我车上的千斤顶一用。等修车过程中，我们两个也聊开了，甚为投机。大约两周后，我们相约一起找个地方吃饭聚聚，他把地方选在离他公司不远的一条小街上。谁知道当天的广州异常塞车，眼看到约定的六点半无法到达，我赶紧和他发微信告知，他很久都没回；然后我决定给他打电话，谁知电话无法接通。我也不知道他是临时有事来不了，还是久等而生气了，于是更加着急，便提前下了车走路赶过去。一进小店门口，就看见谢大哥满脸惊喜地在朝我招手，桌上点了两个菜和一瓶啤酒。原来，是因为这个店所处的位置信号不号，他的手机打不了电话也接不到信息；然后他左等右等，又怕我有事不来了，所以就点了两个菜边吃边等。他说："你要是真不来，我就当作自己吃了顿一个人的晚饭了。"这下终于碰上面，马上让服务员"上硬菜、上白酒"，两个人都极为开怀，因为我们发现对方都是守诺靠谱的人，是值得一交的朋友。

　　一个小故事，引发的是对人生品德的思考。人生品德需要修炼的很多，但诚信守诺无疑是其中最重要的一项。孔子在《论语·为政》中说："人而无信，不知其可也。大车无輗，小车无軏，其何以行之哉？"意思说，人要是失去了信用或不讲信用，不知道

他还可以做什么。就像牛车没有了车辕与轭相连接的木销子，或者马车没有了车辕与轭相连接的木销子，它靠什么行走呢？所以，人的守诺与诚信，是一个关乎何以安身立命的重要基础。工作、学习、生活里的各种社会关系是否稳固可靠，相信你的人、帮助你的人是否越来越多，全凭诚信守诺几个字。

但是，当我们没有认识到问题的严重性时，可能会对守诺这件事并没有看得多重要。总觉得自己说了而没能做到，肯定是事出有因，作为朋友或者亲人，"他应该能理解的"。正如每个月还信用卡里的欠款，很多人由于忘记、出差等原因，经常会晚那么几天还清，觉得几天而已应该没什么关系，却不知道银行已经把这个纳入到了个人的信用体系，以后你在做许多事情时就可能会受到限制和影响。

要做到守诺，一是不要轻易许诺，凡事有把握方可说出口；二是既然承诺了，就算花再大的代价，也一定要兑现。不易许诺和兑现承诺是相互影响的两个方面，有人是良性循环越做越好，有人是恶性循环坏名远播。

不轻易许诺，是人生成熟路上的一个重要标志。老子曰："夫轻诺必寡信，多易必多难，是以圣人犹难之，故终无难矣。"意思是，轻易许诺必定很少守信用，经常把事情看得很容易必定多遭困难，因此圣人总把困难考虑得很周详，所以他们最后就没有困难了。一是在情绪不稳定的时候，尽量不要许诺。古人说，"盛喜中，勿许人物；盛怒中，勿答人书。"就是说，极度欢喜的时候，不要许诺给别人东西；极度愤怒的时候，不要回复别人书信。这是因为，"喜时之言，多失信；怒时之言，多失体。"比如有些人在酒席上喝得过量了，便一时兴起，胡乱许诺，酒醒后要么尴尬失信，要么代价沉重。二是在别人有求于自己时，也应慎重观察。《量体宝藏论》中说："先许后察愚者举，先察后许智者轨。"对于别人的请求，确信能做到且有意义的才答应下来，否则不可草率许诺。

凡是已经许下的诺言，就一定要全力去兑现。一言既出，驷马难追，君子之言务必一言九鼎，方能立言正行、行走江湖。哪怕兑现承诺的代价再大，也要坚决去做到。因为如果有一次失信的情况，就会有第二次、第三次，从而也就没有人再敢相信你了。而得不到别人信任与支持的人，注定会难以成事。

曾参是孔子门生中的七十二贤之一。一次，他妻子要去集市上办事，儿子吵着也要去，她便哄儿子说："你在家好好玩，等我回来把家里的猪杀了，煮肉给你吃。"这话本来是曾妻哄儿子玩的，不料，曾参却真把家里一头猪给杀了。妻子从集市回来后，气愤地说："我是被儿子缠得没办法，你怎么能当真呢？"曾参严肃地说："孩子是不能欺骗的！孩子什么都跟父母学，你今天骗了他，等于是在教他以后出去讲假话。而且，他以后再也难相信你对他的教育了。"

我自己在守诺这个事情上，也有着许多的不足，需要大力改进。比如说参加会议，经常掐着时间去，结果电梯繁忙，或者一个临时电话，就变成迟到了。刚毕业那阵，某次和同事去集体旅行，有次由于晚上睡得太晚，手机没电了闹钟也不响，结果第二天早上让一车人等我近十分钟，那种羞愧感许久难忘。现在对于参加这些集体的会议或活动，我都会尽量提前5分钟到场，宁可我等人，不可人等我。有一次，在一个朋友的饭局上，酒到半酣，有个第一次认识的朋友说他太太很想要一台苹果手机，问我能不能帮忙，我也没多想就答应了。第二天一问，好家伙，原来他太太既不是我们的用户，也不想转网和预存费用，公司现有的政策都不符合。

没办法，答应人家的事必须做到，于是只好自己掏钱买了一个送给人家。通过这个事情的教育，我对不轻易许诺有了更深的认识和理解。

日本"四大经营之圣"之一的松下幸之助曾说，信用既是无形的力量，也是无形的财富。一个具备守诺品质的人，虽然有时候看起来会"傻而憨厚"，但他将会更容易赢得别人的尊重和信任，更容易得到别人的帮助和支持，他的人生路上，必将会更加风和日丽、一片坦途。

用心

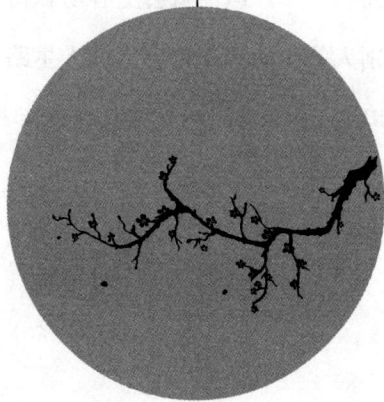

天下无难事，唯用心尔。

用心做人，"真诚"赢得"真心"；用心做事，"专注"催生"专长"。

无论做什么事，用心动脑的人与漫不经心的人相比，时间一长两者之间就会产生惊人的差距。

用心做人，用心做事，是一个人能够快速成长、诸事顺利的诀窍。不管做什么事情，都会有一个学习适应的过程，也都会碰到一些困难和障碍，这很正常。但是，如果面对的是一个"有心"之人，这些困难和障碍很多时候就会变成"纸老虎"，被解决、被突破不过是时日的问题。天下无难事，唯用心尔。随着年龄和阅历的增长，我对这个道理越来越确信。

稻盛和夫被称为日本四大"经营之圣"，绝没有浪得虚名。他一手创办了京瓷和 KDDI 这两家世界五百强企业，对于许多人来讲不陌生，他在京瓷实行的阿米巴经营模式，被认为是破解大企业病的一个有效范式，被很多企业借鉴使用。他在 78 岁高龄时，受到邀请再次出山，接掌全面亏损的日本航空。此时的全球航空业都极不景气，面临成本上涨和经济低迷两大压力，而且稻盛先生本人并没有这个领域的工作经验。与日航在经营层面的大力改革相比，稻盛和夫用"稻盛哲学"对员工精神世界的改造影响更为深远。他让员工明白，日航的没落是日航人一手造成的，日航的重新辉煌也只能由日航人的双手铸就，日航人必须用己真心、拼尽全力地去工作，才能扭转经营态势。有一次突降大雨，旅客托运的行李在搬运过程中被淋湿了，在行李转盘的出口处，两位日航的年轻女员工，拼命地用干毛巾一件一件擦净行李的水迹。这样的情景自日航诞生以来"史无前例"。一年以后，日航就成为全球营利性最好的航空公司之一。

用心待人，体现出来的状态是"真诚"，"真诚"可赢得对方的"真心"。人与人的关系，可以很近，也可以很远，全看两者之间是否用心、交心，而不在于认识的时间长短、地域远近。数年前，有个朋友给我讲了个故事。他所供职的是一家大型的保险公司，有一次他们部门的头儿要和另一保险公司总部的一位女领导谈合作，而这位年轻的女领导由于能力强、事业顺利，在行内是出了名的冷傲。谁知道，后来的洽谈居然气氛轻松融洽，合作谈得非常顺利。原来，头儿是一位有心人，了解到这位女领导离异单身、工作繁忙，平时觉得最愧疚的就是六岁的女儿。见面前，头儿作为一个大男人，跑遍广州城给她女儿买了两套衣服，让她带回去作为出差礼物。礼物不贵，心意无价，女领导先是一阵惊讶，然后就是发自内心的高兴和感动。

用心待人，人人都能做到，但其实又不容易做到。因为你的心在不在对方身上，既骗不了自己，也骗不了他人。尊重对方，倾听对方，感受对方，尽自己的努力让对方感到尊重、舒服、愉快。在偏远的农村，平时家里来了贵客，最热烈的待客方式就杀鸡款待，因为每家每户的鸡也就那么几只，不是重要的客人不会有这个待遇。尤其如果舍得杀下蛋的母鸡，那么就是顶级待遇了。然而，一只鸡并不值多少钱，可贵的是这片浓烈的心意，它无声地告诉客人是多么受欢迎、受尊重。

用心待人，也是我自己一直在努力的方向。在我所负责的团队里，偶尔会有人员的更替。当有人要调去别的地方时，我总会在话别的场合，送给他／她一份特别的礼物，那就是晒好的几张照片。这些照片，很多他们自己都想不起来了，而我会在平时很用心地收集、保存。我知道，对于一段工作经历而言，曾经一起奋斗的朋友、一起开心的瞬间是最可贵、最难忘的。每年年底，我会从这一年团队合影中挑选出最有意思的 12 张，然后再一一配上主题文字，制作成为新一年的台历送给小伙伴们。有时候，还会在扉页上赋诗一首，以作留念。工作之余做这些事其实是很烦琐的，但是，当看到小伙伴们拿到东西时的开心和自豪，一切都值得了。我始终认为，大企业里的一个小团队，作为头儿，能给队员们的东西其实很有限，如果能营造一个平等、轻松、积极的工作氛围，如果能带着大家一起开心而团结地拼搏，就很不错、很不错了。

用心做事，体现出来的状态是"专注"，"专注"必会催生"专长"。"世上无难事，只怕有心人。"当一个人心神合一、心无旁骛地做某事时，就会显露出神奇的"专注力"，吸收知识特别快，想法注意力特别集中，碰到难题往往更容易生发出解决的灵感。一个"两耳不闻窗外事、一心只读圣贤书"的少年郎，长大后满腹诗书、学富五车指日可待；一个醉心于救死扶伤事业、日日不下手术台的年轻医生，成为某个专业的顶尖圣手妙医不过是时间问题。

居里夫人在条件极差的试验室里，为了提炼"镭"而用心至极，克服了难以想象的困难。她每次把20多公斤的废矿渣放入冶炼锅融化，连续数小时用粗大的铁棍搅拌沸腾的材料，从中提炼出百万分之一的微量物质。1898—1902年，经过几万次的提炼，处理了几十吨矿石残渣，终于得到0.1克的镭盐，正式宣告了"镭"的诞生。试想，一个对事业不用心的人，能花四年去"熬"出0.1克盐吗？

根据麦家原著小说《暗算》改编的电影《听风者》，讲述了一个解放初期的谍战故事。盲人何兵因为超人的听觉能力，被神秘的701部队请来专门侦听敌特电台。何兵不负众望，帮助701找到了大量敌人的电台，立下了大功，同时也找到了自己心爱的女孩儿。当初发现并请他前来701的张学宁，请来国外名医医好了他的眼睛，何兵的生活一下子从地狱上升到了天堂，他能看到四季变换的美丽风景了，他也能日日看到自己妻子的美丽容颜了。然而，有了正常视力的何兵，听力却似乎没先前那么神准了，一次侦听失误导致了张学宁的牺牲。何兵明白，这是因为他拥有视力后，已经没办法像原来那样静下心来了。随后，在一个大雨夜，他再次弄瞎了自己的双眼，同时听力再一次变得灵敏，终于找到了最后的那部敌特电台。这虽然只是一个电影故事，但其中揭示的道理——唯有真正用心、静心，才能把事情做到最好，却是对每一个人都有启发意义。

2008 年，我刚被调到企业里的一个新部门，工作里有一项是经常要草拟发文件。有些人很怕写文件，因为可能会反复被打回、反复修改，既疲累、也没面子。恰好我当时的直接上司和分管领导都是有才华、有耐心的人，他们几乎不打回我起的文件，而是直接在他们的环节做一些修改就呈到上一级去。文件最终发出去了，我并没有觉得完事大吉，而是把最终封发的文件拿来和我的原始草稿进行比对，看看领导改动了哪几个字，主送单位和抄送单位多了谁少了谁，附件的顺序为什么做了调整……用心琢磨之后，我就能理解领导对这个事情和我在认识、看法、经验上的差异。这样坚持下来，我草拟文件便越来越熟练了，而且逐渐把自己的工作思路和方式做到向领导看齐。

比知识重要的是思维，比思维重要的是悟性。万物有法，需要用心去悟才能真正得法。无论做什么事，用心动脑的人与漫不经心的人比，时间一长两者之间就会产生惊人的差距。以医院的内科医生为例，每天用心工作、不断琢磨进步的医生，不仅很快掌握"望闻问切、对症下药"的技巧，可能还会将自己的知识范围扩充到理疗保健、饮食治疗、心理疏导等几个领域，纵向经验积累、横向知识贯通，这样的医生未来就极有可能在医学上独树一帜。而没有用心去学习、去提高的医生，可能每天只是满足于完成当天的工作量，医术水平的提高速度就会有限。时间一长，同一天进医院的两个年轻医生，可能在医术、境界、发展上都会产生巨大的差异。

天下难事，必做于易；天下大事，必做于细。天下事有难易乎，为之，则难者亦易矣；不为，则易者亦难矣。成功的秘籍，或许就是简简单单的一句话："心无旁骛，专心做事做人。"

活出人生正能量

知足

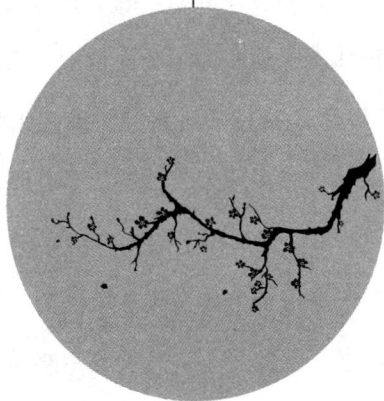

知足，是人生过得快乐的最大法宝。

知足常乐，一是说拥有足够的知识才能经常长久的快乐，一是说通过懂得满足而获得内心的快乐。

人永远不要和别人去比，如果非要和什么人比，那就和过去的自己比。

毫无疑问，每个活在俗世的普通人，都希望自己能过得快乐，而且能一直快乐。只是，在科技越来越发达、社会越来越进步，物质条件比以前突飞猛进的今天，很多人发现自己过得并不快乐。城市里的人们，每天都活在巨大的生活压力下，按揭的房子、车子还欠着银行大笔的钱；小孩儿一天比一天大，教育资金却还没开始准备；祈祷父母长辈身体健康，除了希望父母少受痛苦外，进医院看个小病也让人胆战心惊……而依旧生活在农村的人们，发现改革开放了 30 年，农村的进步并没有跟上城市的脚步，两者的差距越来越大了，许多地方生活物质条件匮乏，环境污染破坏，青壮年人口向城市迁徙后留下的无穷落寞和一声叹息……

　　时代前进的列车是每个个体都无法阻挡的，社会的发展注定无法停留在某个定格。就像一个人总有善与恶的两面，社会的发展有进步的地方，也会有相对不如人意的地方，这就是辩证统一的规律。如果我们深入分析一下，会发现一个有意思的现象，那就是生活在农村的人可能由于经济、物质条件差而不快乐，城市的中产阶级可能由于巨大的生活压力而不快乐，城市里的亿万富翁们则可能由于担心财富缩水或子女无为而不快乐。为什么不管物质条件多好，也总会有人感到不快乐？或许是因为人的欲望总是无穷的，无论人们怎么努力，欲望与现实的豁口总是存在，于是就永远快乐不起来。

　　所以，想要自己成为快乐的人吗？途径只有一条，那就是学会"知足"，所谓知足常乐。对于一个懂得知足的人来讲，眼里看到的都是自己已经得到的东西，而不是别人所得到的东西；心里想的都是感恩和满足，而不是嫉妒与愤懑。

就我来看，知足常乐包含两层意思。一是拥有充足的知识和无比的智慧，我们就能看透事物本质和发展规律，从而懂得哪些事情该做、哪些事情不能做，什么该得、什么不该得，待人接物懂得分寸、恰到好处，从而才会长久地快乐。二是人只要懂得满足感恩，就会常常在内心觉得快乐。

老子在《道德经》中曾讲，"天下有道，却走马以粪；天下无道，戎马生于郊。罪莫大于可欲，咎莫大于欲得，祸莫大于不知足。故知足之足，恒足矣。"意思是说，天下太平有道的时候，退马还田进行耕种；天下无道纷争的时候，兵马驰骋在郊外。祸患没有比不懂用兵之道更大的了，过失没有比中敌人利诱之计更大的了。所以，知识充足之足，才是恒常之足。

拥有足够的知识才能经常长久地快乐，此言不虚也。如果没有足够的知识和认知水平，人就不会知道自己的"得到之边界"在哪儿，也就无法判断何时该努力、何时该止步。而当你有了足够的知识和见解，你就能把握时代发展的趋势，看透事物的本质，准确认识自己，判断自己和环境之间的关系，从而你才会正确看待事物、正确对待名利、正确树立自己的价值观，才会得到长久的快乐。

当然，知足常乐，更多人理解为"懂得满足，就会快乐"。就像面对半杯水，悲观的人会惆怅失去的那半杯，而乐观的人会感恩珍惜剩下的这半杯。是乐是忧，全在一念之间。时时多看自己所拥有的，多珍惜自己身边的人和事，即能知足常乐。如文前提到的，住在农村的人，亲近自然、作息规律、自在由己不失为一种幸福；而住在城市的人们，施展人生所长、享受品质生活、广交知己朋友不失为一种幸福。凡事事前尽力而为，事后随遇而安，必会心安理得，心满意足。

上天对所有人都是公平的，它不会把所有的幸福都集中到某个人身上。得到爱情未必拥有金钱；拥有金钱未必得到快乐；得到快乐未必拥有健康；拥有健康未必一切如愿以偿。保持知足常乐的心态才是淬炼心智、净化心灵的最佳途径。

学会知足，有必要正确认识快乐与物质的关系。索达吉堪布在《苦才是人生》中提出："这个世界上，80%的幸福与金钱无关，80%的痛苦却与金钱息息相关。"有些人拥有的物质和金钱越多，痛苦就越大，正如华智仁波切所说："有一条茶叶，就会有一条茶叶的痛苦；有一匹马，就会有一匹马的痛苦。"所以，人活得快乐与否，往往与物质条件没有直接的关系。当然，如果自己能力具备、所取合理，生活质量好一些并无不可。只是不要一心钻到"钱眼"里，不要一身投入到灯红酒绿的物质享受里，如果这样是注定难以得到真正、长久的快乐的。君不见，从一场盛大奢靡的宴会中醒来的早上，或许比一个普通的早晨更让人感到空虚和失落。

　　有则西方寓言是这样说的。有个国王过着锦衣玉食、挥金如土的日子，但他却仍然不快乐。他找来御医问原因。御医看了半天，开了一个方子说："你必须在全国找到一个最快乐的人，然后穿上他的衬衫，这样你就快乐了。"国王派出人马，找到了那个最快乐的人，但却没办法带回那件能带来快乐的衬衫。国王很生气："我是一国之君，为何连一件衬衫都得不到？"大臣回答说："那个特别快乐的人是个穷光蛋，他从来都光着膀子，连一件衬衫都

没有……"可见，有时候对生活要求越少，反而会越快乐。

学会知足，并不影响人对于知识的钻研和追求。一般意义上提倡的满足之心，多是指一些物质、名利上的追求，要适可而止。但是在学习知识、钻研学问、贡献社会方面，应该抱着求知若渴、学无止境的态度。2014 年的 10 日，逻辑思维的罗胖子把他当天的 60 秒时间给了柳传志老爷子，原来柳传志想在逻辑思维这个互联网平台上向大家讨教如何通过互联网卖"柳桃（柳老爷子包装承卖的猕猴桃）"。当时我关注逻辑思维也不太久，当一大早听到年迈的柳传志那诚恳而认真的话语，非常震惊、非常受启发。柳老作为中国的"IT 教父"，到今天早已功成名就，可是，他并没有就此停下学习的脚步，他在学习移动互联网知识、他在参与逻辑思维类似平台、他在琢磨互联网 + 时代的新商业模式。

而让此事波澜起伏的是，逻辑思维的潜水用户王中磊——也就是赫赫有名的华谊兄弟电影公司总裁，出来冒泡了，提出个撒娇卖柳桃的方案。王中磊当时有一部电影《撒娇女人最好命》正准备上映，讲的是一个女汉子学会撒娇，战胜"绿茶婊"，得到真爱的故事。他从中得到启发，"男人征服世界，女人征服男人，未来的世界，女性思维会成为主流。"故而，他建议把一定分量的柳桃做成标准"撒娇包"，女生下单要柳桃，向自己的男神卖萌要求付款；如果男神买单，那就不仅得到柳桃，而且还能得到两张《撒娇女人最好命》的电影票；而且电影票限量 2000 张，手快有、手慢无。结果这个方案大受欢迎，众多年轻人玩得不亦乐乎。试想，自己的女友，或者是一个不算太熟的年轻女孩儿，在移动互联网上向你撒娇，想你请她吃份 100 多元的猕猴桃，顺便她还想你去陪她看场电影，有多少人会拒绝？这买的分明已经不是桃子，而是一种惊喜，一种人与人之间的信任和喜爱之情。

说回到知足，生活里我的另一个感受，就是人永远不要和别人去比，如果非要和什么人比，那就和过去的自己比。和别人比，看到的都是别人光鲜的地方，别人痛苦的地方你没机会看见也不真正在意，这样比下来就会"不知足"，觉得别人有的自己应该也有才公平。而和过去的自己比，看到的是自己的进步，比如生活更宽裕了、工作更有成就了、知己的朋友更多了，就会产生由衷的满足和喜悦，并生出对更好未来的信心。

"大智知止，小智惟谋，智有穷而道无尽在哉。"大智慧的人，知道适可而止，小聪明的人只是不停地谋划，智计有穷尽的时候而天道却没有尽头。努力让自己具备足够的知识和见解，看得透事物的本质和规律；在物质和名利面前，有所追求但懂得"边界所在"，这样的人，才会在现实生活中过得真正快乐。

谦虚

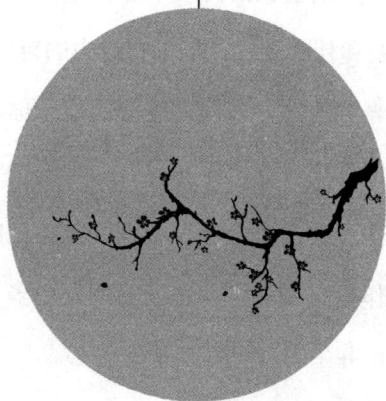

谦虚使人进步，骄傲使人落后。
越是成熟的稻穗，越是懂得弯腰。
满招损，谦受益。

诺贝尔物理学奖得主丁肇中教授，在一次公开演讲中，别人给他提了三个问题，他都表示"不知道"：

"您觉得人类在太空中能找到暗物质和反物质吗？"

"不知道。"

"您觉得您从事的科学试验有什么经济价值吗？"

"不知道。"

"您能不能谈谈物理学未来 20 年的发展方向？"

"不知道。"

这"三问三不知"，让全场的人都很愕然，但紧接着就响起了热烈的掌声。作为全球最顶尖的物理学家，丁肇中大可不必说"不知道"，他可以用专业术语和一些模棱两可的词应付过去。但他却选择了最老实、最坦诚的回答方式。这非但没有损害他的形象，反而更加凸显他的学术严谨和为人谦虚。

韩愈说："人非生而知之者，孰能无惑？"人不是一生下来就什么都知道，谁不会有不懂的事情呢？孔子曰："知之为知之，不知为不知，是知也。"做人一定要谦虚谨慎，知道就知道，不知就是不知，而不要为了面子不懂装懂。

在农村生活过的人，或者去过农村的人，就会发现一种现象。秋天来临，稻穗开始饱满成熟，而越是谷粒多、颗粒饱满的稻穗，就越会弯腰弯得下，而谷粒少、颗粒瘪乏的稻穗，会直直的斜伸着腰。虽然这只是一种自然界的现象，但是映射到人身上，有着很好的启发。越是德高望重的大成就者，反而越是谦虚、随和；越是肚中不满的初学者，有时候反而越自负、傲气。

《尚书·大禹谟》有言："满招损，谦受益，时乃天道。"自满于己取得的成绩，将会招致损失和灾害；谦虚而时时改进自己的不足，就能因此得益。季羡林老先生曾经对"满招损、谦受益"这六个字进行过论述。季老先生认为，满（自满）只有一种，那就是：真自满。假自满者，是在吹牛皮、说大话，那不是自满，而是骗人。谦（谦虚）却有两种，一真一假。假谦虚的例子，遍地都是，如"拙作"、"指正"、"斧正"之类，都是送人自己著作的谦辞，谁都知道是假的，只是又不得不用。而真正的谦虚，是永远不要觉得自己已经学够了，懂全了。真正的谦虚，不但体现这个人有道德，也表示这个人实事求是。因为不管是哪门学问，也没有人能搞得一点问题也不留，况且时势环境的变迁还会带来许多新的变化。

经常有人问李嘉诚的成功秘诀，他总是这样回答："只是时代给我特殊的机会，让我能够做成功这样的事情，但是我自己很少读书，所以我要努力学习、研究。"作为华人首富，李嘉诚几乎已是一个传奇，但他却谦虚谨慎，将成功归于时代机遇，还时时自揭"读书少"。他还讲到自己的经营理念是"创造自我，追求无我"，意思是一方面拼搏进取、突破创新，实现自我的人生价值，同时又要追求无我，让自己化解在芸芸众生之中，不给别人造成压力。

道理易懂，付诸生活中的点滴行为却不易。在我们身边，每天都会看到许多不谦虚、不谨慎的情况，有些言行令人发笑，有些却令人不齿。不过，推人及己，其实我们每个人大概都曾经犯过不谦虚的错误吧，甚至就连今天成熟、觉悟后的谦虚，可能也有些是季羡林老先生所谓的"假谦虚"。真正的谦虚发自内心，无须掩饰；真正的谦虚会言行一致，无须刻意。

谦虚做人，首先是心态上的谦和。古话说："活到老，学到老。"每个人都应该有一个虚怀若谷的人生态度，在自己不懂的领域要谦虚请教，在自己钻研的领域则要秉着"山外有山，人外有人"的理念，多审视自己掌握的不足之处，寻找机会向前辈、同行学习，甚至向自己的后来者学习，因为他们的理解、机遇不同，往往有些见地反而能跳脱出固有思维，带来启迪。季羡林先生为人所敬仰，不仅因为他学富五车，更因为他谦虚、纯朴的品格。他在《病榻杂记》中，阐述了他为何要坚辞外人加给他的"国学大师"、"学界泰斗"、"国宝"这三项桂冠的，他表示："三项桂冠一摘，还了我一个自由自在身。身上的泡沫洗掉了，露出了真面目，皆大欢喜。"

谦虚做人，其次是言辞上的低调。在开口说话前，先弄清楚哪些方面是自己所真正掌握的，哪些是涉及未深的，哪些根本就是门外汉。尽量讲自己熟悉和有见地的，对于不懂的、没有把握的切忌不懂装懂。不懂不可耻，不懂装懂最让人看不起。一句不懂装懂的对话，可能带来极严重的后果，比如别人不再信任你的人品，或者让某个重大项目彻底失去了继续合作的机会。还有，就是在说话用词上，尽量少用"绝对"、"最"、"100%"、"绝无可能"等过于绝对的词，多用"在我看来"、"可能"、"尽量"等缓和一些的词，会让别人觉得可靠很多。话说得太满，往往很快就会露丑出洋相，让彼此都尴尬。

谦虚做人，最后是行为上的谨慎。"三人行，必有我师"，在与同事、朋友相处时，多观察别人长处，多虚心请教，多控制自己的虚荣和自大心态。工作上，先把自己分内的事情做实、做深，少去刻意出风头，尤其是在没把握也没必要的情况下。在开会发言、生活聚会等公开场合，注意遵循老幼、上下、主宾、先后有序的礼节，确保举止谦逊有礼、大方得体。即使在一些自己与人"身份平等"的场合，甚至"身份略高"的场合，主动把自己的姿态放低一点，言语放平和通俗一点，不仅不会有什么损失，反而会被别人真正的喜欢和尊重。比如，在吃饭就座的时候，不要不分情况就直奔主位，多礼让年龄比自己大、职位比自己高、远道而来、女性、曾经教过自己的师傅、东道主等；就餐开始后，多热情地为周围座位的人斟茶、倒酒，喝酒时主动敬长者，席间笑谈保持适度，少吹牛骗人、少讲人隐私、少抖露还没确认或者不合适的工作信息。

有些刚毕业不久的年轻人，因为家里条件还不错，工作还没两年就去买四五十万的好车，经常购买和展示名贵衣物。其实，这些本无可厚非，因为只要是自己挣的钱或者家里人给的钱，怎么花都是自己的自由。但是，如果你是在国有企事业单位、政府等相对传统的行业工作，最好是尽量低调点，即使真的是从小习惯了这种生活品质，那么也不要去故意显露和炫耀。因为别的同事看到你这样高调，可能有些想教你的技能他不想教了，有些想对你提醒的话他不知道当讲不当讲，有些锻炼的机会他会想可能你并不需要，而这些，对于一个初上工作岗位的人都很重要。

藏地有句俗话："愚者学问常宣扬，穷人财富喜炫耀。"越是没有学问的人，越喜欢高谈阔论，搬弄学识；一些并不真正富裕的人，特别喜欢穿金戴银，还生怕别人看不见。不懂隐藏功德的人，往往成不了大事。为人谦虚、做事谨慎，这样的人将更加容易得到别人的认可和尊重，也更加容易实现自己的人生目标。

选
择

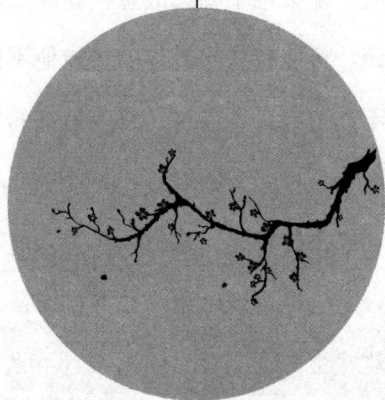

选择比努力重要，态度比能力重要。

所谓正确的选择，就是不后悔的选择。

有时候人生的选择是一种必然，看似有得选，实际没得选，所以坚持往下走就是最好的态度。

人的一生，是由无数道选择题构成的，小到每天穿什么衣服、吃什么食物、见什么人，大到读哪所大学、干什么工作、追随什么信仰，都需要做出选择。深刻认识选择之于人生的意义，非常有利于每一个人提高自己的生活质量、攀登自己的人生高度。

开过车的人都知道，在陌生的地方，经历每一个岔路口都要很慎重。如果走错一个路口，有可能要兜极远的弯路，这种情况下，无论你的驾驶技术多么好，无论你如何分秒不休地努力，你也难以按照预定时间到达目的地了。所以，选择比努力更重要，这是生活的一条重要法则。

当然，每个人生来背景不一样，性格不一样，际遇不一样，要去往的目的地也不一样。那么，在选择的时候，何谓正确？我认为所谓正确的选择，就是听从自己内心声音的选择，就是自己将来不会后悔的选择。反之，凡是你没有后悔过的人生决定，你都走对了。

人这一生，如果要数数最重大的选择，大概有四个。一是选择什么样的朋友，二是选择什么样的爱人，三是选择什么样的工作，四是选择什么样的人生理想和信仰。

朋友，他将决定你这一辈子的生活圈层，影响你真善美的判断和取舍，影响你内心与精神的欢愉和寡。"黄金万两易得，知音一个难求"，人生得一知己何其难，所以要万分珍惜。"酒逢知己千杯少，话不投机半句多"，说出了人生有知己相伴的美妙。

好的朋友，不以目的相交，所以才能长久。而有些朋友，是"世之熙熙，皆为利来"，利去之日必会友尽；有些朋友，是"逢场做戏，未必当真"，人群散去的时候就成为陌路人。真正的朋友，相互理解、相互支持，真诚相对、不吝批评。还有重要的一点，就是一定要交正能量的朋友，这样才会让彼此愈加积极阳光、乐观向上。而负能量的朋友，就像乌云密布的下雨天，会毁掉你的心情，影响你的心态。

爱人，他/她将影响你的一生，影响你的饮食习惯、你的外貌品位、你的休息睡眠、你的孩子亲人。爱人，会是这个世界上陪伴你时间最长的人，所以，一定要慎重选择。选择一个男人做自己的丈夫，大概三样东西最重要，那就是上进心、责任心、正直感。一个积极进取的人，不管他的今天状况如何，一定会有更加美好的明天；而责任心，让他可以恪守照顾你一生的诺言，以及对双方家人的友善和照顾；正直感，是一个男人的精神脊梁，让他分得清是非黑白，让他时刻散发着人性光辉的魅力。正直、负责、上进的男人，给予女人的是尊严、安全和希望。如果要再加上一条，那就是幽默感，人生漫漫，欢乐是重要的调料。选择一个女人做自己的妻子，大概也有三样东西最重要，大方、温柔、孝顺，它给予男人的是面子、慰藉和安心。如果要再加上一条，那就是独立精神，因信任和爱在一起，而非因依附而在一起，这样的关系会更加充满激情和新鲜感。

工作，它会决定你的收入、人际关系、生活条件、社会地位等。"男怕入错行，女怕嫁错郎"，选择一份合适的人生职业，可能是除了人生伴侣外的最重大的决定了。惠普公司前中华区总裁孙振耀先生有一次接受采访，谈到青年学生该如何选择工作，提出了"三个最"的观点，那就是最朝阳的行业、最核心的部门、最有发展潜力的上司。选择一个朝阳行业，就赢在了起跑线上，因为行业发展的上升之势会让你找到更多机会，让你事半功倍；选择一个企业的核心部门，那就确保了你工作的重要性、学习提升的机会、对外交往的平台；选择一个最有发展潜力的上司，会让你学得更多、成长更快，只是上司往往不是自己能选择的。在今天来看，孙振耀先生的这"三个最"未必是最正确的，因为目前正在兴起"万众创新、大众创业"，很多人不一定要在大企业里干了，也不一定把一件工作干一辈子，选择工作主要取决于自己的"兴趣"，随时可以单干。但是，回到现实里，这"三个最"的普遍参考意义毋庸置疑。

信仰，它会决定你的人生观、价值观，决定你一生的心情质量，决定你一生的人生高度。帕斯卡在《沉思录》中说过，人只不过是一根芦草，是自然界较脆弱的东西；但他是一根能思想的芦草。人会思想，往往就会去考虑人为什么活着，从哪里来、到哪里去？这就会进入到信仰的话题。信仰，不光是相信，而且要仰赖，就是依照所信的，去实践它、经历它。信仰总体上可分为三类，人生信仰、政治信仰和宗教信仰。比如物质主义者，他的信仰就是金钱和享乐，所以他的三观都会围绕钱财二字；信仰佛教的人，他的信仰就是利他、因果、无常和轮回；信仰共产主义的人，他会把自己一辈子都投身到解放全人类的事业中来。人活一辈子，应该有自己的人生观、价值观、世界观，把为什么而活、怎样活想清楚。一个树立了信仰的人，将是一个百折不催、无所畏惧的人，因为他已经看准了人生目标、看透了人生意义。"生命诚可贵，爱情价更高。若为自由故，两者皆可抛"，看看，对于信仰人身自由的人来说，连生命和爱情也并不足惜了。

　　选择，同时意味着放弃。自从我决定开始写点东西以来，我发现自己必须要减少自己的应酬时间，减少休息和娱乐时间，这就是选择的代价。选择一件事情，就意味着要放弃许多其他的机会。所以，如果要想让自己的选择不后悔，凡事就应该自己做决定，别人的意见只能作参考。比如说，经常有亲戚和朋友的孩子要高考填报志愿，会问我的意见如何，我大多会推辞，如果真要给意见也一定声明仅作参考。因为你让他报考清华学理科，或许多年后他会抱怨这是一条枯燥的路；如果你让他报考本地院校方便亲顺父母，或许多年后他会抱怨这一辈子都因你给的决定而困于一城一地。只有他自己做的决定，纵使前程荆棘满地，他也无怨无悔，星夜兼程。所以，还是回到那句话，因为自己做的决定，所以无可后悔，所以它就是正确的选择。

还有，就是选择的宿命论问题。以我的人生经验来看，人生的很多选择都是必然的，而不是偶然的。面临某个人生的十字路口，看似既可以往左，也可以往右，但是以你当时的条件、心态、认知能力，决定你必然会选某条路。很多年后，假若重新回到当初那个路口，恐怕你还会做同样的选择。所以，只要自己认定了，就义无反顾地往前走吧，省掉彷徨、后悔、抱怨的时间和精力，你会发现前路的光明越来越炽盛。

行善

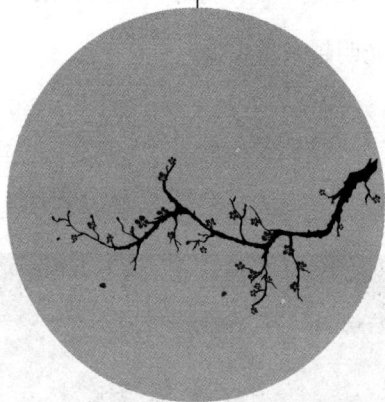

勿以恶小而为之，勿以善小而不为。

慈善不是钱，是心。

人生深切、纯净、极致的幸福感，就在于利他行为开花结果的时刻。

行善就是做好事、做善事、做正义事。很多人会觉得，行善可能是一件很遥远的事，一是目前自己还在向上打拼，没有时间去行善；二是自己目前"财力"也还不够，没办法去帮助他人。但其实做好事并不等于给别人钱，而是要有一颗关爱、帮助别人的心，比如牵一位盲人过马路，安慰一个在商场与妈妈走失的孩子，拥挤的上班路上主动将车子靠边让救护车先过，这都是行善。刘备给其子刘禅的遗诏中说道："勿以恶小而为之，勿以善小而不为。惟贤惟德，能服于人。"就是在要劝勉刘禅要多做好事，小善积多了就成为利天下的大善。

2007年的一天，刚卸任的联合国前秘书长安南，在美国得克萨斯州的一个庄园里，举行了一场慈善晚宴，旨在为非洲贫困儿童募捐，应邀参加的都是富商和社会名流。在晚宴即将开始时，一位老妇人领着一个手捧瓷罐的小女孩儿来到了入口，门口保安安东尼拦住了她，要求出示证件。老妇人说："对不起，我们没有接到邀请。是这个小女孩儿要来，我是来陪她的。"安东尼回答说："很抱歉，今晚邀请的都是重要人物，没有请帖的人一律不能进去。"正在纠缠之际，一直没说话的小女孩儿开口了："叔叔，慈善不是钱，是心，对吗？"安东尼愣住了。"我知道受邀请的人有很多钱，我虽然没有那么多，但这是我所有的钱。如果我真不能进去，请帮我把这个带进去吧！"小女孩儿说完，就把手中的钱罐递给安东尼。安东尼不知该接还是不接，这时突然有位老人说："不用了，孩子。你说得对，慈善不是钱，是心。你可以进去，所有有爱心的人都可以进去。"原来这位老人就是股神巴菲特，他用自己的请帖带小女孩儿进去了。结果，当晚慈善晚宴的主角，不是安南，不是捐出300万美元的巴菲特，也不是捐出800万美元的比尔·盖茨，而是仅仅捐出了30美元25美分的小女孩儿——露西。而且晚宴的主题也变成了这样一句话："慈善不是钱，是心。"

这个故事告诉我们，做慈善并不是有钱人的专利，只有有颗善良的心，只要愿意从身边的每件小事做起，谁都可以参与到行善中来。

可能有人会说，我做好自己就行了，为什么一定要行善呢？这里讲的行善，包含两层意思，一个是日常理解上的做好事、利他人；另一个是要从正义、积极的态度上去指引自己的行为。一个正直、负责、上进的人，必定希望这个世界能够越来越好，而世界变得日益美好，离不开每个个体的努力。同时，种种利他的行为，在帮助别人的同时，别人也会在合适的时机反过来帮助自己。或许，这就是我们每个人都要说好话、做好事、当好人的要义。

李开复于2013年9月得知患上了淋巴癌，一时限于极度痛苦中。朋友带他去台湾佛光山，拜见星云大师。在他与星云大师的对话中，有一段关于"除恶"和"行善"的言论，发人深省。李开复说，他经常在微博上针砭时弊，也曾对一些负面的社会现象口诛笔伐，问大师要用什么样的态度来面对社会上的贪婪、邪恶、自私等负面事件？星云大师说："要珍惜、尊重周遭的一切，不论善恶美丑，都有存在的价值。就像一座完整的森林里，有大象、老虎，也一定有蟑螂和老鼠。完美与缺陷本来就是共存的，也是从人心产生的分别念。如果没有邪恶，怎能彰显善的光芒？如果没有自私的狭隘，也无法看到慷慨无私的伟大。所以，真正有益于世界的做法不是除恶，而是行善；不是打击负能量，而是弘扬正能量。"

而即使一个人是个穷光蛋，他也可以通过"无财七施"来行善。第一是和颜施，就是用微笑与别人相处；第二是言施，就是要对别人多说鼓励的话、安慰的话、称赞的话、谦让的话、温柔的话；第三是心施，就是要敞开心扉，对别人诚恳；第四是眼施，就是以善意的目光去看别人；第五是身施，就是以行动去帮助别人；第六是座施，就是乘船坐车时，将自己的座位让给老弱妇孺；第七是房施，就是将自己空下来的房子打扫干净，提供出来给别人休息。这七种"善行"不关乎性别、贫富、美丑、学识，是每个人可以做到的。

我们在城市里生活，经常会碰到一些乞讨的情况，有时是身体严重残疾的人在马路边粉笔字求援，有时是少年学生头缠白纱为"料理去世的父亲或母亲后事"而筹钱，有时是年关时节怀抱正在吃奶婴儿的年轻妈妈在等红灯的车流旁乞讨"回家路费"，有时是在夜色中突然凑上来的两个"乡下妇女"请求给两个钱买个盒饭吃……因为新闻报道各种骗人伎俩的情况实在太多了，一般人碰到这些情况都会匆匆躲过，我自己也经常如此，因为不想被当傻瓜而受骗。有一次在一个陌生的城市，我在街边给了一个乞讨的老人家五块钱，结果才一转身，不知从哪儿冲出来一帮打扮相似的老爷爷老奶奶，纷纷朝我伸出了搪瓷盆子，吓得我拔腿就跑。不过现在想起来，或许下次再碰到这些情况时，只要不是明显的骗人场景，还是应该果断提供帮助，哪怕帮100次里面，有一次是真实帮到了落难中的人，也就功德无量了。这也正如星云大师所言，真正有益于世界的行为是行善。

其实，生活中需要我们做好事的地方处处皆是。在城市，可以参加志愿者组织，一起去开展帮助老、弱、病、残的活动；在农村，可以定期去照顾"空巢"老人或者福利院老人，去给落后地区的儿童送去图书和教学设备。可以通过各种慈善基金的形式，贡献自己的一分力量，累积为爱的洪流去做一些有意义的义举；也可自己直接去天灾人祸的现场提供帮助。再说小一点，多花些时间陪伴自己的父母，多付出努力让亲人安心幸福，楼道里见到邻居来一声响亮的问候，见到刚毕业的年轻人多说几句鼓励的话……这些都是在行善吧。如果把每一个人天性里的善良都激发出来，将会形成巨大的正能量！

虽然行善的时候不以回报为发心，但是行善可以累积福报确是不虚。就如同农民种庄稼，只要把良善的种子种到了土壤中，假以时日，就一定会结出福报的果实。行善的另一个名字可以叫作利他，而利他就是人生最有意义的修行。孟子说："爱人者，人恒爱之；敬人者，人恒敬之。"生命就像空谷回声，你送出什么，它就送回什么。而且，人生深切、纯净、极致的幸福感，就在于利他行为开花结果的时刻。

养生

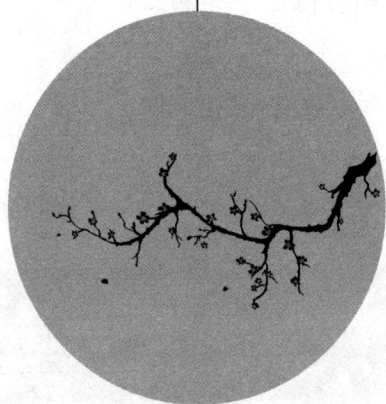

　　早起，少吃，多动，控欲，安心，正念，是保持身体健康的重要方法。

　　下士养身，中士养气，上士养心。

　　真正的健康，包括身体健康和心灵健康。

养生是个很大的课题，断非我这个无专业研究、无充沛阅历、无高人指路的"三无"人士可以妄自菲薄的。只是一时找不到合适的词语，只好暂且"借用"，探讨一些我对于如何在日常生活中保持身体健康的看法。说来惭愧，释、道、儒三家皆博大精神，是人类数千年文化中最耀眼的瑰宝，自己却至今未摸到门边。这次因为想要探讨养生的话题，自知底子不够，才花时间去翻阅了《道德经》和有关于道家养生的书籍。这些以前觉得很枯燥、很高深的文章，现在突然都能看得进去了，可能就是佛家说的"因缘俱足"了吧，而写这篇文章就成了"缘起"了。

　　在阅读这些书的时候，我一边是欣喜不已，一边却是汗颜连连。欣喜是从里面学到了很多有用的道理，而且可以和很多其他的知识互相贯通、互证真伪。汗颜连连，却是我发现自己参加工作的 13 年来，很多行为都是"反其道而行之"，自己日常生活中的许多行为都是养生学说所反对和摒弃的。只好自我安慰道，养生大概是 40 岁以后所要重视的事，40 岁前的人重在学习和拼搏，难以兼顾养生之仪轨。但知道、掌握、运用这些养生道理，无论迟早，对每个人都是大有裨益的。

　　通过领悟道家养生学说，结合我平时的一些生活感悟，我觉得人要保持健康长寿，需要重视六项关键，即早睡、少吃、多动、控欲、安心、正念。用之来检视身边的人和事，大多能得到印证。

　　早睡是养生的第一要素。最好的睡觉时间应该是晚上 21 点到早上6点，这个时间是一天的冬季，冬季主藏，冬季不藏，春夏不长，也就是第二天没精神。尤其应该在子时（23点到凌晨1点）以前上床，在子时进入最佳睡眠状态。按照《黄帝内经》，夜半子时为阴阳大会、水火交泰之际，称为"合阴"，是一天中阴气最重的时候，阴主静，所以夜半应长眠。在农村，半夜在庄稼地里能听到庄稼生长拔节的声音，就是在白天吸收阳光的能量后夜晚生长，人与之大致相同。如果错过夜里休息的最佳时间，细胞的新生就赶不上消亡，人就会过早地衰老和生病。早睡对于现代都市里的人来说，可能是最大的养生障碍，由于工作和应酬的繁多，多少人晚上9点连家都还没回到，而就算回到家的，也是在电视、网络前刚坐下，丝毫不会想到这该是睡觉的时候了。但早睡的作用与好处，是显而易见的，比如有时候我们劳累过度，一回家不洗澡、不吃饭就直接睡下了，然后第二天就能得到很好的缓和，这就是人体自身的自我调节。记忆中有一次，我连续加班了两周，每晚只睡三五个小时，后来还夹杂着感冒，实在难受得不行。后来，我不知道受到什么启发，大概连续三天每晚9点准时睡觉，结果精神状态马上就恢复了，整个人都无比神清气爽。

　　少吃是养生的一个重要技巧。少吃不是不吃，而是控制食量，做到适度。我们一般知道的吃法是，早餐吃饱、中餐吃好、晚餐吃少，这是根据人一天里的活动规律来定的，总体原则是多消耗多吃、少消耗少吃，肠道里尽量不要含着食物过夜。人摄入食物应该控制适度，就是比"饱"要"少"那么一点。五脏六腑是一个血气加工厂，食物是原材料，加工能力是有限的，但是食物是无限的，所以食物的数量必须得到控制。过度地增加食物，会成为身体的垃圾负担，不但不会增加血气，还需要靠消耗血气来把它们清理掉。之所以保持一定的"饥渴"对养生有利，来源于"虚"的妙用。道家讲，虚则灵。这和谦虚使人进步、自满使人落后是一个道理，人应该经常保持"虚灵"的状态，才能时刻保持清醒、保持健康。了解了这些道理，对于现代社会的许多美容美体、保健保养、修身养生行业的主张就不难理解了。韩国总统朴槿惠，是韩国历史上的首位女总统，优雅、美丽、睿智、从容让她被世人所敬仰和喜欢。在日常生活中，她严守道家养生说，穿最简单的衣服，吃最简单的食物，且从不吃饱，常年保持不超过26英寸的腰身。

多动是养生中相对容易做到的一点，但难在坚持和适当。"生命在于运动"、"饭后百步走，活到九十九"，这些道理都被人们所熟知。好的运动习惯一在坚持，二在适度。坚持就是要保持一定的运动频次，这样才能循序渐进、强身健体。在现代生活中，很多人保持每周打1～2次羽毛球、网球、乒乓球、游泳、室内健身，或者每天保持小跑3000～5000米，这都是极好的运动习惯。适度就是每次保证一定的量，过少不起效果，过重则起到负面效果。运动可以帮助人的气血运行，但同时也在消耗人的气血，如

果运动过度，会导致气血消耗过多，得不偿失。很多专业运动员，到了老年身体并不好，一方面是劳损和受伤所致；另一方面也有气血损耗过多的原因。另外，人体的微循环主要应该靠松静来达到，这也是健康必不可少的。

控欲是养生中的一个难关。活在俗世，七情六欲免不了，关键在于"控"字，使之保持在一定的范围、一定的尺度。中医理论中的七情是指喜、怒、忧、思、悲、恐、惊，六欲则泛指人的生理需求和欲望，可概括为见欲、听欲、香欲、味欲、触欲、意欲。控制欲望这一点，总体来说是"知易行难、进易除难"。多嗔伤肝，多淫伤肾，多食伤脾胃；忧思伤脾，愤怒伤肝，劳虑伤神。《红楼梦》中贾瑞因沉迷于凤姐容貌而至一命呜呼；魏明帝好听椎凿声而致寝室不宁，国事荒废；许多现代人烟酒过度，导致中老年时疾病缠身。六欲起自于心，七情感之于外，先有欲望而后有情绪之喜怒哀乐。故控制欲望的方法，在于修心。

安心是养生中的上乘诀窍。凡人欲求长寿，应先除病。欲先除病，当明用气。欲明用气，当先养性。养性之法，当先调心。所以说，下士养身，中士养气，上士养心。人生最忌是个"乱"字，心乱了，对外可以紊事，对内可以扰气血，使之不正常。凡恼怒恐怖喜忧昏疑，都是乱，为多病短寿的根源，不但养病时不应乱，平时生活起居亦忌心乱。修心的一个重要方法就是静坐，静坐息心，心息则神安，神安则气足，气足则血旺，血气流畅则百病可去。道家修行多为打坐冥思，应该也是基于静坐息心的这个道理。台湾经营之神、台塑集团创办人王永庆每晚 21 点睡觉，每天凌晨 2 点起床打坐，数十年如一日，始终保持身体健康、精神饱满，终于创造了台塑企业这个"神话"。

正念是养生中的一个根本性诀窍。正念在我来看，有两层意思，一是正确的观念；二是正能量的意念。正确的观念好理解，比如说健康养成在于日常而不在于一时、疾病在于防而不在于治等。有了正确的观念就会有正确决定，从而有正确的行为，就可以预防许多疾病的发生。正能量的意念，则是发挥"自心"和"自信"的能量，去影响、引导内外环境的变化走向。比如，在日常生活中，相信自己的感觉，找到身体正循环的方法，就能够让自己克服劳累、快速恢复。在政府、大企业中从事过写材料的人都知道，这个活不好干，没日没夜加班不说，随时可能的大修大改会让人内心崩溃。刚毕业那两年，我有个同单位要好的朋友就在干这个，我看见他经常在间歇期间去楼下的路边小摊上买香蕉、橘子什么的，回来后就一边猛啃水果、一边或思索或敲字。几年后，没想到我也干上了写材料这个活，痛苦难耐的时候，我也会去自己买水果、买巧克力来边吃边想，这完全不是因为饿，而是一种有效疏导、放松自己的意念和方法。根据吸引力法则，当你聚精会神地去想一件事、做一件事时，周围的环境都会朝着有利于你实现目的的方向变化。所以，在心里秉持正直、真诚、健康、快乐的意念，是身体健康、精神开朗的根本方法。

真正的健康，包含身体健康和心灵健康两个方面，上述的第一到第四点可视为身体健康的范畴，第五、第六点可归为心健康的范畴。很多人都知道锻炼身体的重要性，坚持健身、跑步、运动，以为这样就足够了。人们往往会忽略心健康的锻炼，就算肌肉再发达，如果心生病了，是不会得到快乐、幸福的。心健康的锻炼方式，主要是经常的打坐、息心和观照，没有杂念地观察自己、清静自己，让内心安静下来。心健康的锻炼，类似修行的概念，就是在深入自己的内心、修正自己的内心的过程。

其实，养生在中国是一个古老的话题，许多先圣亦早有明示。孔子谓之"三戒"：少年戒色，中年戒斗，老年戒得。老子有"三去"，即"去甚、去奢、去泰"，其义为去除偏激的情绪、奢侈的欲望和过分舒适懒散的生活状态。《黄帝内经》讲究"三有"：饮食有节、起居有常、劳作有序。这里提倡的早起、少吃、多动、控欲、安心、正念，其实都是基于这些理念而抽取出的观点，但要在生活中完全做到是件极困难的事，关键在于找到适合自己的方法，少弊端、多正行，使自己的身体始终保持在健康、轻松的状态。

孝顺

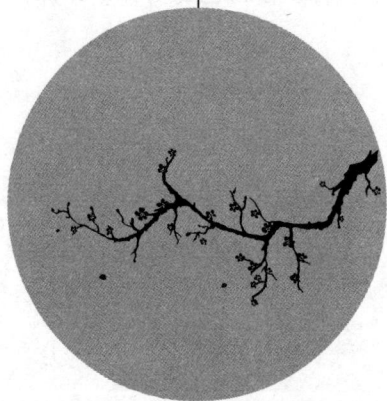

孝顺父母可总结为五个字：养、敬、陪、听、顺。

孝顺并不只是给钱，养而不敬，绝非孝顺。

树欲静而风不止，子欲养而亲不待。

今天的微信朋友圈里，有一条信息让我特别受触动。朋友Vanessa是汕头姑娘，在潮州工作。临近中秋节，别人给她家里送了几筐林檎（一种水果），她妈特意留着等她回来吃。因为怕林檎熟得太快，妈妈把它放在空调房里一直吹着空调，时不时就拿起来看会不会熟烂了。"老妈说能宠我的时间也没多久了，以后当了别人的媳妇她也没机会对我好了……又想起了作家龙应台的那段话，所谓父母子女一场，只不过意味着，你和他的缘分就是今生今世不断地目送他的背影渐行渐远，你站立在小路的这一段，看着他逐渐消失在小路转弯的地方，而且，他用背影默默告诉你：不必追。"

只有当自己也当上了父母的时候，才能更真切地理解自己父母一路来的心情，才会真正开始懂得该如何去孝顺父母。这个世界上，只有父母的爱最无私、最彻底，不留余力、不求回报。纵使自己吃再多的苦，也想为子女创造一个好的成长和学习环境，有些父母，甚至只是为了孩子的一些"小事"，也愿意去花大量的时间和精力。我的大学同学琴子，有一次讲了一个关于她父亲的故事。在她读小学时，某天她说想去玩溜旱冰，她爸说那你先等一个月。她当时很好奇，父亲为啥要让她等一个月？一个月后，父亲还真带她去了，不仅她上场溜，父亲也上场陪她一起。她这才知道，原来父亲这个月自己先去学溜冰了，浑身摔得青紫，只是为了能上场陪着她、保护她。

　　所以，对于每一个人来说，孝顺父母是一件要一辈子做好的事情。古训《增广贤文》说，羊有跪乳之恩，鸦有反哺之义。即因为懂得要孝顺父母，小羔羊跪着吃奶，乌鸦长大后会衔食喂母亲。只是这些连动物都懂的道理，我们却未必能做好。在现今这个充斥着物质、竞争、享乐的时代，很多人以工作、学习为理由，对父母漠不关心，既不管他们日渐衰老的身体，也不关心他们内心的人生孤独和社会失落感。换位思考，如果我们自己老了，希望子女以何种方式来关心自己呢？只要把父母的养育之恩时时记在脑里、放在心里，自然就会懂得孝顺父母该如何做。因为有幸接触、学习索达吉堪布的《苦才是人生》，我对孝顺父母有了进一步的认识。总体来说，可总结为五个字：养、敬、陪、听、顺。

所谓养，当然就是赡养。父母老了，失去劳动能力了，得到子女赡养是理所当然。不然，人就连乌鸦也不如了。虽然说赡养只是孝顺内涵的一部分，但也有许多人做不好。有的人不但不赡养，成人后还要花着父母的养老钱；有些人兄弟几个，经常为赡养费给多给少的问题而争论不休。其实，通过给赡养父母的钱，也可从侧面判断出一个人的孝顺指数。那就是你给父母的钱，占你可支配的金钱的比例是多少。如兄弟两人，哥哥月薪一万，每月给父母两千，弟弟月薪两千，每月给父母一千，在孝顺方面就高下自分。所以，赡养父母不但要给钱，而且还要尽自己的能力给够。

所谓敬，就是尊敬。养而不敬，绝非孝顺。孔子说："今之孝者，是谓能养。至于犬马，皆能有养。不敬，何以别乎？"就是说，如果认为"孝"就是养活父母，让父母吃好穿好，而没有用心去孝敬他们，那跟养狗、养马又有什么区别呢？子女用钱孝养父母虽然重要，但更重要的是，要在精神上给予尊重和安慰。作为父母，晚年往往会感到孤独、寂寞，觉得自己对周围的人和事逐渐失去了话语权，有被社会所嫌弃的感觉。所以，子女要对父母多关心、多安慰，常常牵挂他们，就像父母始终牵挂着自己那样。

所谓陪，就是陪伴。对于亲情，唯有陪伴是最好的礼物。我们孝养父母的时间，每天都在递减，如果不能及时陪伴尽孝，以后定会终生遗憾。现在有很多人，工作的地方都在异地大城市，大概每年会回两次家，一次是暑假带孩子回去玩，一次是春节回家团聚。我们三十岁的时候，父母一般不小于五十五岁了，假如父母活到八十五岁，那你可能和父母见面的次数也就六十次了。这么算来，多么震惊内心！但这就是实际情况，必须面对，必须抓紧时间多陪陪父母。如果父母不在身边，不能经常见面，那就保持每周一次电话，说什么内容不重要，重要的是让父母觉得你一直在他身边。几年前那首《常回家看看》，春晚一推出，就成了经典歌曲，唱出的就是无数父母的心声。

　　所谓听，就是认真听取父母的教诲。诚然，现在的社会日新月异，父母的知识可能赶不上时代变化，但是父母的人生经历、阅历比我们丰富，而且由于父母对子女的爱都是出自真心，所以其教导必有价值。尤其是，父母因你做了错事而加以谴责时，"爱之深、责之切"，一定要勇于承认错误，虚心接受。假如父母的教诲真有不对的地方，那就先听着，具体做事情的可以变通，不要当面顶撞、指责父母。

　　晋朝有位将军叫陶侃，从小父亲去世，母亲含辛茹苦把他养大，管教甚严。他二十几岁的时候，在县里当监管渔场的小官。有一次，他让手下送了一坛腌鱼给母亲品尝。母亲推知是公家的东西，不但没享用，而是令差役带回去，并且附信一封，说："你做官，随便拿公家的东西给我享用，非但没有让我感到高兴，反而让我为你担忧。"陶侃见信后，羞愧万分，从此终生不忘母亲教诲，成了有名的清官。

所谓顺，就是随顺父母。孔子曾说："事父母几谏，见志不从，又敬不违，劳而不怨。"侍奉父母的过程中，见父母有不对的地方，要委婉地劝说。如果父母不采纳你的意见，还是要对他们恭恭敬敬，以诚恳的态度反复请求。人老了，就变成了孩子，假如父母的言行举止有失，比如天天打麻将、喝酒、吵架，子女应该好言劝解，而不能语言犀利、强硬指责，令父母难堪。所以对于父母做得不对的地方，子女应想方设法温和劝谏。如果是和父母正常讨论问题，谈不上对错的时候，子女更加要和颜悦色，随顺父母。

于我而言也如此，父母恩情需要用一辈子去孝顺、报答。我在家中排行老小，自小父母就倍加疼爱。上高中以后，学校离得远，每月只得回一次。每次回学校时，父母都要把我送到村子的尽头，然后目送我沿着长长的鱼塘边往前走，然后再穿过一片茂密的竹林，然后就看不到我的身影了。这情形，多么像龙应台所说的"目送"。如果没有父母倾其所有地供我读书，我就不会有机会走出鄂西南的那片边远村庄；如果没有父母的言传身教，我就不会懂得那些真诚待人、吃苦做事的品德。去年父亲重病在武汉住院，让我一下子对孝顺父母又有了更多的认识。在一趟趟往返广州武汉的高铁上，内心经常充满了担心和羞愧，担心的是父亲的病情，以及父母二老日渐苍老的身体，羞愧的是我对于孝敬他们做得如此、如此少。父母总说，你要好好学习、好好工作，不要牵挂我们，我们都很好。听多了，还真以为应该这样做，没想到这一转眼，父母都已经接近七十古来稀的年龄了。

　　树欲静而风不止，子欲养而亲不待。人生最遗憾的事之一，可能就是当你有能力了，当你觉醒了要好好孝养父母时，父母却已离开人间。所以，趁父母健在的时候，子女一定要多尽孝，好好报答他们。

极致

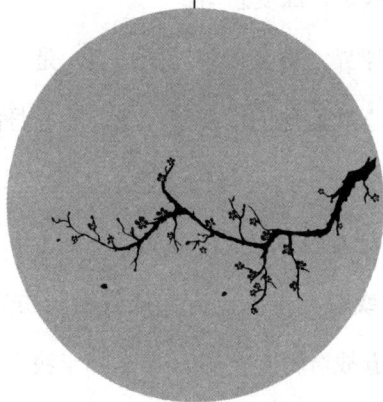

一个不甘平凡的人，应该努力在某个领域或某件事上，倾注精力，做到极致。

当你把自己的工作目标设定超越前人、追求极致时，你内在的潜能将会被最大化激活。

等你把某样事情做到极致，你会发现别人未曾看到的美，你会留下自己曾经来过的痕迹。

2012 年 8 月 3 日，伦敦奥运会羽毛球比赛中，男单卫冕冠军林丹对阵 6 号种子佐佐木翔。比赛中出现了神奇的一幕，林丹在完成一板扣杀后，球拍意外断线。这时，他急中生智，回了一个挑高球，然后迅速冲到场边去换拍子。虽然最终这个球没有救起来，但那一刻的林丹，浑身散发着极致能力的光辉，让电视机前的我忍不住起立鼓掌，深受感动。

乔丹，是篮球界"德艺双馨"的代表，是一个难以超越的偶像人物。我一个喜欢篮球的朋友曾经说，看乔丹的比赛，感觉是在欣赏一场艺术表演。而乔丹的诸多故事里，少不了那 11 记压哨球，其中有三记是压哨绝杀（buzzer-beater，指计时器响起的那一刻，落后或者打平的一方完成致命一击），分别是 1989 年首轮季后赛第五战对骑士、1993 年东部半决赛第四战对骑士、1997 年总决赛第一战对爵士。哨声眼看就要响起，人离篮板或许还很遥远，对手拼命拦截，观众人声鼎沸，在这种情况下，运动员纵身一跳、出手球进，展现出来的是一种何等超越潜能的极致震撼？

我始终觉得，对于一个不想平凡过一生的人来说，应该在某个领域、某件事上，倾注最大的诚意与努力，去做到极致。如此，你便在这世上留下了你曾经来过的痕迹，你便在自己的脑海里留下了一辈子都不会忘记的记忆。如此，你便没有白活。

如果工作与兴趣相吻合，你想把工作上的技能与成就做到极致，那么，甚好。因为你花一样功夫，成就了两个目标。前面提到的乔丹、林丹都是如此，他们必将成为各自领域的划时代人物。当你把自己的工作目标设定超越前人、追求极致时，你内在的潜能将会被最大化激活。首先，你的内心将会产生强大的意念。所谓"心不唤物，物不至"，只有自己内心深切渴望的事情，才会将它呼唤到自己的射程范围内。其次，你将会日思夜想，琢磨突破。强烈的愿望使你睡也想、醒也想，沉浸其中、透彻思考，问题的解决、创新的突破都将从思考中得到启示。最后，你会投入自己最大的时间与资源，全身心扑在现场工作上。只要用心，锲而不舍干到底，结果只能是成功。稻盛和夫说过，"工作现场有神灵。"当你使尽了自己全部的力量，工作目标仍然不能达成时，"连神灵都会出手相助"，最终突破自我、达到极致就能够实现。

4年前的今天（2011年10月5日），苹果公司前任CEO乔布斯不幸因病去世。而他，就是当代将工作做到极致的一个典范人物。正是由于乔布斯对产品的极致、极简追求，形成了苹果产品难以超越的优势。苹果的手机和iPad，不但外观简洁轻巧，而且2岁的小孩会玩，80以上的老人也能用，这是以前从不敢想象的事情。市场研究公司Canaccord Genuity公司估算，2015年第一季度，苹果公司获得了全球八家主流智能手机生产商营业利润的92%，而它的销量不到20%。或许，这从一个侧面反映了极致的价值和威力。

如果想在自己的某个爱好上做到极致，那也是极好的。因为爱好往往是个人范围内的事，不影响工作，不妨碍家人，一花一木、日积月累，陶冶情操、激发感悟。

如果在工作和爱好上，都没有条件去做到极致，那么就去做一两件"惊艳"的事情也挺好。当一个人离开这个世界的那一刻，他的脑海里能想起哪几件事？当一个人离开这个世界以后，周围的人又能在脑海里深刻地记得他的哪几件事？可能，把这个问题想明白了，人生的活法就更清晰了。因为，你会知道哪些事是有意义、有价值的，哪些事不过是"生活的例常"，是过了就不再有意义的。

当我回忆过去30多年里，自己在极致方面的所为和感受时，闭上眼睛我总能看到几个清晰的场景。

一是2006年的10月1日，我一个人走在拉萨布达拉宫的广场上，天色将晚的时候，广场喇叭中突然响起了李娜的那首《青藏高原》，那么毫无防备，那么高亢动情，那么透彻心扉。那一刻，在高原上、夜色中，时间仿佛凝固，有种不知身在何处的感觉。当时忍不住想，一生中有这么一次经历、这样一个时刻，也算没有白活了。这是我的第一次西藏之旅，计划突然、准备仓促，没把高原反应、肺水肿看得多么严重。而这次艰苦的旅行，刷新了我对旅行的认知，厘清了我当时生活中的许多困惑和迷惘。

二是2008年的10月，我住在北京某大学校园的招待所地下室里，只能透过半截窗子看到光亮，洗漱需要拿着盆子去公共浴室，而10月的北京已经寒气颇重。这个时候我正在攻读北京某大学的在职管理学博士，每一到两个月需要飞一次北京，每次上课四到五天。无论是经济上，还是时间上，这对当时的我而言都是巨大的投入。而我心里很清楚，自己这么做不是为了能"升职加薪"，因为这些在我们企业的人力评价中并没有多大用处，我只是希望能在自己喜欢的管理学领域，通过多学、多见识，尽力去做到最好。

如果说有第三件的话，我想应该是2002年5月，本科毕业

的时候自己出了一本册子《第一场秋雨》。当时是收录了我大学在新快报、校报、校园征文发表的一些小散文，以及我两个暑假闭门不出"整出来"的两部小说。由于这些文章难免稚嫩，毕业前期时间也紧，我就自行找了间文化公司把它给印了出来。印出来后，在华工的西区、东区、北区三个大饭堂"同时开售"，许多学生会、团委的朋友都出来帮忙站台，成了当时一大景观。而现在，当我偶尔翻起这本书，十多年前的校园生活便跃入我的脑海，心中涌起无比的美好和感恩。

我很认同一句话，那就是："既然是你认为值得的事情，就不要计较代价。"同样的道理，如果你想把一件事情做到极致，那就倾尽全力，勇往直前。只有登上过珠穆朗玛峰的人，才能知道登顶的喜悦和俯瞰的豪迈；只有去过马里亚纳海沟的人，才会发现世界海拔最低的地方也能看到游动的比目鱼；只有飞出过太空的宇航员，才能直观感受地球这颗充满魅力的蓝色星球。等你把某样事情做到极致，你会发现别人未曾看到的美，你会留下自己曾经来过的痕迹。

旅行

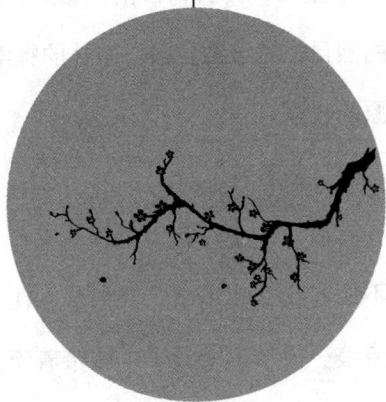

读万卷书，不如行万里路。

身体和心灵，总有一个要在路上。

如果把人看成一部机器，抽离式的旅游远行，如同机器的偶尔断电关机，或许就是最好的保养和保护。

旅行是一种生活态度，也是一种自我完善的极有效模式。如果读书满足不了你对这个世界的深度好奇和向往，如果工作久了烦恼多了心也累了，如果机缘巧合地对某个地方生起虔诚崇拜，如果想与心上人来段完全二人世界的浪迹天涯……那么，旅行去吧。用双腿去丈量每一寸平原、山丘、草地、高山、沙丘、海滩，用双眼去观察每一个蓝天、白云、日出、彩虹、晚霞、星空，用身体去感受高原的烈日、海边的轻浪、密林的骤雨、沙漠的风暴、江边的号子、草原的牧歌。

世界那么大，值得去看看。

第一次对旅行有概念，是在初中时读三毛，尤其她那本《撒哈拉沙漠》。"不要问我从哪里来，我的故乡在远方，为什么流浪？流浪远方，流浪……"三毛骨子里就带着流浪的天性，旅行和读书是她人生中的两大爱好，她的足迹遍布世界各地。1974年，三毛不顾一切奔赴撒哈拉沙漠的怀抱。苦恋她六年的西班牙潜水工程师荷西也跟随着她去了撒哈拉沙漠，并与三毛在沙漠结了婚。从此三毛和荷西在沙漠过上了贫乏却充满意义的生活。

而我第一次真正意义上的旅行，是在2003年的2月，云南丽江之旅。那时的自己刚刚工作半年，对远方的一切都是那么充满新奇。丽江古城的五方街，玉龙雪山上的牦牛坪，云贵高原上的陡峭坡田，金沙江上的滚滚浪花，泸沽湖旁的世外桃源，一切都让人目不暇接、沉醉其中，只感觉眼睛不够看、时间不够用。

从此深深爱上旅游和行走，一边摄影，一边用文字记录感受。此后的几年里，几乎走遍大半个中国。旅行中我一直保留着几个习惯，在自然景区再累也要去看日出，太阳本身是一样的，但是在不同的地方升起，那份壮观和蓬勃之美又完全不一样，尤其在海边、草原、高峰。在城市再累也要在晚上去热闹的酒吧喝上一杯，一个城市的酒吧街，就是代表这个城市时尚水平的名片，是深度感受当地人文气息的最好途径之一。住在再好的酒店，也要单独抽出时间去这个地方的小街小巷逛一逛，见识这个城市可能不是最光鲜、但确是最本真的人文风景。

无限风光在险峰，有些风光在角落。旅行的时候，不要完全踩在别人的脚印上，而要用心去探索新的未知，就会感受到特别的乐趣。很多人去过杭州灵隐寺，却不知道灵隐寺的山后有另一座寺庙叫韬光寺；很多人每年要去几次三亚海边，却从没去了解过山里面的黎族村庄；很多人去了北京直奔故宫和长城，却不会安排时间去探访那历史厚重的大小胡同。广东梅州的灵光寺，以庙前两棵生死树、庙顶回旋设计而不见烟雾、寺后多树而叶不落寺院内三个特点闻名，而鲜有人去探索过寺庙后面的风景，那里有茶园、有柚林、有清溪、有竹海，还有一段充满意境的石板坡路。

旅行，是开阔一个人的视野的最好方式。在一个地方生活久了，难免会被周围的人和事所束缚，成为"井底之蛙"。只有走出去了，才会发现，哇，原来外面的世界这么大，还有这么多从来没见过的风景，还有这么多不同的活法。去了珠穆朗玛峰，才知道什么叫山外有山、什么叫气势磅礴；坐在晚风拂面的大海边，才知道这个世界真的是大到望不着边；去了大草原，才体会到什么叫"天苍苍，野茫茫，风吹草低见牛羊"，才理解草原人的豪爽、自由。见了四大石窟，才知道古人的智慧和手艺如此高深；见了乌尔禾魔鬼城和韶关丹霞山，才领略到大自然的鬼斧神工。

接触外面多种多样的生活方式，让人意识到自己认知的狭隘。在海拔 5231 米的唐古拉山口，我遇到一个 20 多岁的年轻小伙儿，他住在山口的唯一一个帐篷里。他穿着一件绿色的军棉袄，脸上、手上的皮肤粗而黑。他说自己是东北人，花了将近两年的时间骑

自行车到达这里，借住的这个帐篷是朋友的。当时还年轻的我，问了一个愚蠢的问题：那你以什么为生？你的人生目标又是什么？小伙子轻声地说了一句，每个人都有自己的生活方式。这句短短的话，犹如扇了我一记耳光，多少年过去了，我还记忆深刻。他住的条件很艰苦，有时会穿越到可可西里的深处去拍一些难以见到的动物照片，寄送给国内外的地理杂志，以此为唯一经济来源。看起来他是"自找苦吃"，但换个角度，他在这个年纪，住在这么高海拔雪山口，看藏羚羊嬉戏，看大雪山皑皑，他的幸福，早已超过了许多人一辈子的努力和机缘。

旅行，能够使人得到彻底的放松和解脱。生活在现实生活中，难免有压力、有烦扰、有苦痛。或许，短暂的离开，就是最好的减压和解脱方式。在另一片天空下，当你看见天湛蓝得让人睁不开眼睛，白云仿佛就在自己的头顶，高山绵延无穷无尽，大海壮阔海鸥声声，你会发现你纠结的那些人和事，都不是什么大不了的。而且换个角度看生活，你会发现那些让你难受的人其实都是可理解的了。如果把人看成一部机器，或许偶尔断电关机，就是最好的保养和保护。所以哪怕是周末的一场背包短旅，也可以让人在周一的早上容光焕发。

旅行，或许还是结识人生挚友的重要机缘。2006年10月，我们一行11个人组团前往青海、西藏，其中有5人是认识的朋友，另外6人都是生活在不同城市、朋友的朋友。在青海西宁会合后，然后租了一辆依维柯车子，沿青藏天路一路向前。其中有一个朋友，在半路上出现身体不适，经过那曲时吸着氧气枕但脸色依然越来越青紫，到了拉萨后我和另外一个朋友立马把他送到西藏军区总医院，来来回回办各种手续。医生一检查就发现是肺水肿，立刻输氧、住院。在他住院期间，我们都抽出时间去安慰和陪伴他，终于安全治愈。还有一对来自北京的情侣小陈和小刘，一个帅气厚重，一个温柔漂亮，和大家都相处得很愉快。在长江源沱沱河住的那一晚，因为当地植被少，酒店又在封闭的走廊烧煤煮热水，氧气变得格外稀薄。我们都感觉到不舒服，而小陈身体反应尤为强烈，卧床呼吸十分困难。小刘坐在床边用手帕不停地帮他扇风、喂水。一个年轻的稚嫩女孩儿，她看着小陈时的那种深爱、焦虑、担心、无助的眼神，让我们每一个人都深受感动。后来我们一合计，觉得此地不宜久留，就半夜喊司机起来提前赶路。从西藏回来后，我们一直有联系，2014 年年底他们俩口子来广州出差，我高兴地请他们吃饭一叙。其间，我送了他们一样礼物，是当时从拉萨去林芝的半路我们三人的一张合影，他们俩见到礼物时的那个惊喜溢于言表。要知道，他们俩现在都是专业的摄影大师，这次来广州就是负责浪琴表马术大赛的拍摄，而对这张并不专业的照片如此喜爱，全是友情和时光的魔力在里面。

那次西藏之行，我是一个人提前回的广州。在飞机上，坐在我旁边的是一个扎着马尾的知性女孩儿，看样子应该是刚毕业没多久。一聊起来才知道她是广州电台的记者，这次是专门坐广州到拉萨的首发列车进行沿路报道，完成工作后从拉萨飞回广州。后面因为大家工作都忙，再没见过面，但有幸见识了她的过人文笔，十分钦佩。有一次晚上 8 点多，突然接到她打来的电话，说我们公司的一个领导正在广州电台接受民生热线现场采访直播，看样子好像有点招架不住刁钻的提问了，并告诉我她会去找那个主持人沟通沟通，不要这么偏激刁难。这个事情，当时和我关系并不大，但那种朋友间的信任和支持，带来的感动和感恩是那么强烈。

旅行，还可以点亮一个人的顿悟之光。许多平时解不开的结，找不到办法解决的问题，或许在旅行路上的某句闲谈，或者某个瞬间的沉默，就突然悟出解决的方向和方法了。比如在呼伦贝尔的大草原上一路驰骋时，或许可以顿悟出两个人生问题。如果把这草原上的一根草比作一个世间的人，这棵草无论是稍微高点短点、弯点直点，飞驰在路上的人们是绝不会关注、也分辨不出来的。所以，大多数人，终究是个凡人，活好自己就好，不要高估自己的能力，也不要活在别人的目光里。再有就是，草原上的动物代表动物有三种：羊、马、狼，它们也在一定程度上代表着人的取向和类型。羊虽悠闲，但养大便挨宰被吃肉；狼孤独自由，但生存的基础是剥夺别人的性命；马可以自由驰骋奔腾，但必须时时背物负重。选择了自己的方式，就要背负相应的使命和责任；懂得了别人，就要尊重别人的付出和磨难。顿悟了这些做人的道理，做事情的难度自然也就大大降低了，生活便会变得更加轻松自如。

　　所以，有时间的时候，背起行囊上路吧。把旅行当作一种生活习惯，这样的人，不会肤浅，不会沉闷，不会失去对生活的深深热爱。

阅读

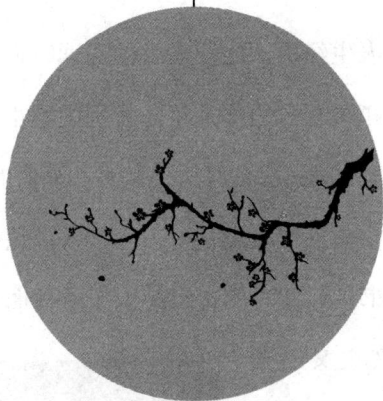

光阴给我们经验，读书给我们知识。

用好"胶囊时间"读书，是繁忙工作族保障阅读深度和阅读数量的一个有效办法。

好的阅读习惯，应该持之以恒、融会贯通、学以致用。

奥斯特洛夫斯基说过，光阴给我们经验，读书给我们知识。的确，阅读是人生中不可或缺的一种自我提升、自我熏陶途径。我觉得一个成人的学习和提高主要有四种方式，那就是阅读、旅行、交友和感悟。而阅读又是排在第一位的，因为它可以不受时间、空间、经济等因素的影响，而且对读者的提点和帮助又是最直接、最有效的。

回顾自己的人生经历，比较集中的阅读时期大概有三波。第一波是在小学三年级左右的那几年，特别爱看小人书（就是小本的连环画），那时刚刚识字，对历史故事和外面的世界特别着迷，基本把能借到的小人书都看遍了，内容涉及武侠、抗战、历史、聊斋等。读小人书，让儿时的自己扩大了认知面，隐约接触到了英雄情怀和人文主义的东西，种下了好好学习、争做英雄的思想种子。

第二波读书潮是在初中时期，因为偏好文科的二哥当时正在中南财经大学就读，能从图书馆借出来大量的书。当时我接触到的书很杂，主要是大量的外国文学名著、国内四大名著、人物

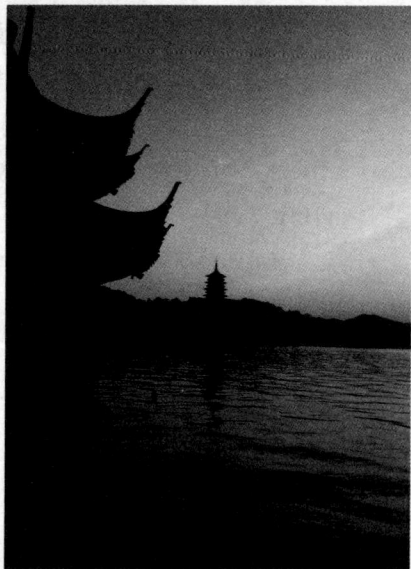

传记、武侠小说、社会写实小说、小说月刊、诗歌等。那时候的自己，就像一棵正在茁壮的树苗对于阳光雨露的饥渴，不知疲倦地打开一本又一本书。印象最深的书有两本，尼古拉·奥斯特洛夫斯基的《钢铁是怎样炼成的》和路遥的《平凡的世界》，直接影响了我的人生观、世界观。

第三波读书潮是在毕业 12 年后，也就是去年左右。这时候的自己已经工作了 10 多年，各方面都进入了一个相对的稳定期。我突然发现，自己在很多方面需要补充新的营养了，于是开始大量地看书。主要分为三个方面，一是移动互联网、通信与信息化、互联网＋等，这属于工作上的专业学习需要。二是工作、事业、待人接物方面的书，类似"心灵鸡汤"或者"成功学"，很多身边的人都对这类书嗤之以鼻，但我知道自己需要从中吸收的营养是什么。三是修身养性方面的书，有些是一些深入浅出的佛学书籍，从这些书里，慢慢学会观省内心，学会修正一些人生观念，尝试着用"出世"的观点方法来处理"入世"的人和事。

就像生过小孩的人才能更充分的理解自己的父母，尝试写过东西的人会更加理解书籍作者的智慧、价值和用心。不要说一本书，就是一篇有观点、有内容、有逻辑的文章，要真的写出来也是极难的。它要求作者在这个领域具备高人一筹的经验、阅历和洞见。所以，真正的好书，可能就是某个高人半辈子、甚至一辈子的心血和积累，读者用半天的时间就吸收、转化为自己的知识和能力，这可是性价比最高的"拜师"。

好的阅读，应该很"泛"。读书的范围大可不必太受条框的限制，最好各方各面都有所涉猎，扩大知识面，提升涵养度。很多不同领域的书，看到后来会有互相印证的奇妙，这时更容易把一些事情领悟通透。但是泛读书也要注意一定的技巧，要能够分得出"是非轻重"，要能够迅速抓住作者的观点和精华，要能够具备辩证看待和自我管理的能力，不能够不加区别地统一对待。

好的阅读，应该很"深"。对于一些含金量极高的好书，应该深读。可以拿一支笔边看边做心得记录，好的句子和内容尽量背记下来，尽量在一个比较集中的时间内看完。只有用心地深读，才能够最大限度地吸收书中精华。

好的阅读，应该带"思"。有效率的人做事情，总是能举一反三、触类旁通。看书也是这样，带着自己的思想去阅读的时候，仿佛就是读者和作者两个人在对话。看到作者说的一些道理，可以联想到平时自己生活中的种种情形，相互印证。阅读中生发出的感悟，最好随手记在书边空白处，日后翻起能够快速形成印象。书读完了，尝试自己总结出三句话，概括出全书的精华思想。这样读书，就会把书读化了。

好的阅读，应该助"行"。读书所吸纳的思想和知识，应该与自己的行为、能力相结合，才会产生实际的意义。明朝思想家王守仁提出"致良知，知行合一"，认为只有把"知"和"行"

统一起来，才称得上善。读完一本书后，应该尽量结合自己目前的思想和生活情况，学以致用、提升自我，使得阅读实现最大的意义和价值。

只是现在的人们，工作、生活的节奏越来越快，时间都被"碎片化"，很难抽出一段时间来静心看书了。我自己摸索出了一个办法，那就是利用"胶囊时间"来看书。所谓"胶囊时间"，就是一段空间封闭、长度合适的时间，比如乘飞机、高铁的时候，比如在咖啡厅、机场等候接人的时候。尤其在飞机、高铁上，不但安静，而且基本不会被电话、短信打扰，一般的旅程时间也在2—4个小时，刚刚好可以静心地读完一本书。自从找到这个办法，我平均每年可以阅读20～30本书，读书的满足感直线上升。

苏轼《和董传留别》中曾云："粗缯大布裹生涯，腹有诗书气自华。"少玩手机多看书、少迷娱乐多思量，这或许是在现代社会里人们如何让自己心灵宁静、让气质升华的法宝。读书是一生的事，必须持之以恒、融会贯通、学以致用，从而达到修身养性、开阔视野、塑造三观的效果。

交友

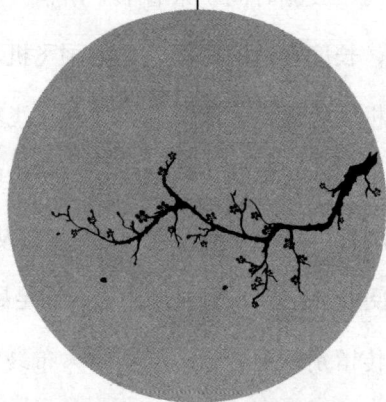

益友有三种，友直、友谅、友多闻。

以利相交，利尽则散；以势相交，势败则倾；以权相交，权失则弃；以情相交，情断则伤；唯以心相交，方成其久远。

情深恭维少，知己笑谈多。

2014年12月，我去四川成都出差，刚下飞机就联系上了老同学、老朋友宋晓明。晓明是我初中和高中的同学，学习成绩优异、情商、智商双高，是当时闻名远近的学霸级人物。当时还有另外一个同学宋宇明也是品学兼优，我们三人都来自洪山镇，上高中时被班主任曾老师起了个组合名叫"洪山三宋"，在车埠高中留下了一段"佳话"。我们都出身农村，家境贫寒，学习刻苦，都在班上担任班干部。大家可以吃一锅菜、睡一床被、读一本书，纯洁、真挚、深厚的友情，让学习压力巨大的高中生活也充满了乐趣。谁知高考一结束，我们三人前往的城市各不相同，学习、工作、家庭都有所忙，从此见面极为稀少，然而心里的想念与惦记，未曾减少一分。正所谓海内存知己，天涯若比邻。

在成都的当天晚上，我们相约一起吃饭。两个人点了火锅和一桌子菜，喝了一瓶白酒和六瓶啤酒，醉意醺醺，竟有不知今夕是何夕之感。这时候，饭店里进来了两位唱歌艺人，其中一位为我们唱了首《上海滩》，当激昂的调子响起，一时让人忍不住要热泪盈眶。在回酒店的路上，我发了一条微信朋友圈，记录了这一晚的感慨与兴奋：

一鼎辣火锅，两个老男孩，三杯酒下肚，话匣悠然开。

家境相若近，结识于初中，六年长同窗，兄弟情愈浓。

我秉勤奋念，他多智慧根，一心向学业，偶为冠亚军。

九七战高考，前路分两头，我下南广州，他赴西成都。

一别十七载，再难常相悟，今日聚天府，把酒叙当初。

间中两艺人，热情来助唱，吉他弹《朋友》，笛奏《上海滩》。

匆匆年岁过，不觉到中年，常记来时路，相携奔远方。

这篇在出租车上用手机写就的打油诗，因为有着浓浓的兄弟感情、深深的生活感悟，是我毕业后偶尔写的小文里自己最喜欢的一篇。

朋友，是人一生中多么重要而特别的社会关系。当一个人成年后，或许他最重要的三种社会关系就是家人、朋友、同事。家人是血缘或姻缘关系，是最亲近的人；同事是为了共同的事业而奋斗的人，是工作上的伙伴；而朋友，则是可以交心、谈心的人，是有相同爱好、互相理解的知心人。尤其在今天的社会，交友成为一种更加重要的人生需要，因为一方面很多人都是独生子女，缺乏兄弟姐妹的陪伴，一方面整个社会更加开放和进步，个体的个性和自由得到前所未有的舒展，认识朋友的平台和工具也更加的多样化、便捷化。尤其近几年社交网站和平台的兴起，让交朋友这个"精细活"变得简单、快速、规模化了。在微信、易信软件上，你只要摇一摇就能找到周围上百个陌生人；在百合网、世纪佳缘网站，你只要注册进入，就有海量的青年才俊等你去结识；在新浪微博、各种粉丝论坛，你的一篇文章或评论，可能会引来成千上万的朋友与粉丝。在十年前，一个人的朋友数量达到100人左右估计就算很厉害了，而现在打开一个人的通信录或微信，

朋友在 1000 人以上的大有人在。而有些"大咖"，微信上朋友的数量居然达到 5000 人甚至上万人。当然，达到这个规模的朋友数量，不可能都是深交，大多数可能只是一面之缘，甚至许多未曾谋面、将来也不会见面。

朋友或许有很多，但是需要进行分类。孔子曰："益友三友，损友三友。友直、友谅、友多闻，益矣；友便辟、友善柔、友便佞，损矣。"友直，是肯讲直话的朋友，为人真诚、坦荡、刚正不阿；友谅，是比较能原谅人，个性宽厚、诚恳的朋友；友多闻，是知识渊博、见识广泛的朋友。孔子将这三类人列为有助益的朋友。而友便辟，与"友直"相反，是指专门谄媚逢迎、溜须拍马的人；

友善柔，是指"两面派"的人，当面和颜悦色，满嘴恭维奉承，背后传播谣言、恶意诽谤；友便佞，就是老百姓所说的"光会耍嘴皮子的人"，言过其实、夸夸其谈。在孔子看来，"友直"可以在你怯懦的时候给你勇气，在你犹豫的时候给你果断；"友谅"可以让你内心妥帖、安稳；"友多闻"可以让你从他的经验和知识里得到有益的借鉴和提高。如果总结成一句话，那就是要交正能量的朋友，他能给你带来积极、正面的人生力量。

2014年7月4日，习近平主席在韩国首尔大学的演讲中，谈到了交朋友的几种类型，极为深刻。他说："以利相交，利尽则散；以势相交，势败则倾；以权相交，权失则弃；以情相交，情断则伤；唯以心相交，方成其久远。"世间朋友，不出这五种尔。以金钱、势力、权力为目的而相交的友情，注定都有破灭的那一天，因为世事无常、高低难免；唯有以真心相交的朋友，没有世俗目的，内心深处相连，可以一直相处下去。

除了上述的一些交友原则，在现实生活中，还有几条建议用得着。一是在逆境、患难中交识的人，可能就是你真正的朋友。能同富贵的，不一定是真心朋友，而能共患难的，肯定是真心相对。有些人担任高官要职时，门庭若市，趋之若鹜者众，而当他年迈退休或者人生落魄时，愿意还陪伴在其左右的往往就屈指可数了。二是肯当面说你过失的人，一定是真心希望你好，"忠言逆耳利于行"，自己当虚心接受，并把他当作自己最好的朋友。三是懂得感恩、念恩、报恩的人，值得深交、亲近。

2015年9月22日，习近平主席启程上任国家元首后的首次访美之旅。9月23日，习主席出席了由微软和中国互联网联网协会举办的中美互联网行业论坛，出席论坛的嘉宾有阿里巴巴马云、腾讯马化腾、百度张亚勤、苹果库克、微软塞特亚·纳德拉、IBM罗睿兰、Facebook扎克伯格、亚马逊贝佐斯等，可以说当今最耀眼的互联网界巨星都在此济济一堂。而其中的扎克伯格，出生于1984年，年仅31岁，是这里面年纪最小的一员。他之所以能和中美两国元首见面交谈，能和这么多的互联网大咖成为朋友，完全取决于他的努力和成就。所以，正如《善变》一文中提到的，如果你想和某个能量与你不在一个级别的人交朋友，那么就加快提升自己、成就自己吧，只要你足够优秀了，你就有可能和这个世界上的任何人交上朋友。

情深恭维少，知己笑谈多。真正的好朋友在一起，不需要去刻意逢迎，而是敞开心扉、笑谈由人。在某个阳光充沛的午后，约上两三个知己，散坐于星巴克的户外帐篷下，啜一杯冰拿铁，点一支淡香烟，轻松地聊着近期的人生见闻与感悟；或者在某个星光朗朗的周末晚上，随性喊上几个好友，啸聚于某个路边的大排档餐厅，依次泊车、进门、围坐，吃着烧烤、喝着烧酒，击掌吟唱"古来圣贤皆寂寞，惟有饮者留其名"……或许这，就是人一生中为数不多的那些洒脱不羁、心神驰骋的最美好时刻之一。

择偶

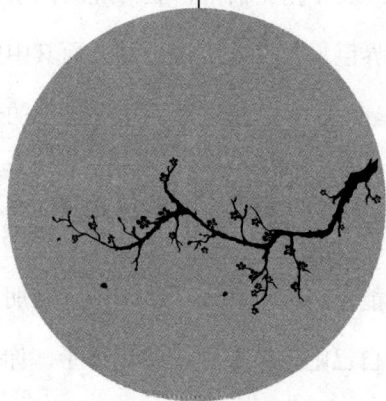

择偶有四个要点值得参考，那就是"真心相爱、能量对等、三观趋同、生活更好"。

人人都喜欢美的、好的事物，关键是，你值得拥有吗？

择偶是人生大事，应该尽量由自己去面对和选择，尽量不去将就。

找工作和择偶，大概应该是人一辈子里最重要的事了。而两相比较，择偶比找工作又更重要，因为现代人一生所从事的工作不再讲究"铁饭碗"，机遇恰当的时候可跳槽、可转行，而人生伴侣，绝大多数人一生只有一次选择机会。

杨绛先生曾经有段这样的回忆，说她不记得哪位英国传记作家写她的婚姻美满，写得很实际、很低调。他写道："1. 我见到她之前，从未想到结婚；2. 我娶了她十几年，从未后悔娶她；3. 也从未想要娶别的女人。"杨先生把这段话读给钱锺书听，钱先生说："我和他一样。"杨先生接着说："我也一样。"可能，人世间最美满的爱情和婚姻就是如此了。

人生姻缘大事，可能最重要的还是"缘分"二字。所谓缘分，就是在合适的时间碰到了合适的人，一切便都水到渠成，皆大欢喜。但偏偏缘分又是看不见、摸不着的，着急起来的时候，可能就会觉得缘分虚无缥缈。

当正在或准备和一个人谈恋爱时，如何判断这个人是不是可以相伴一生的人生佳偶？仁者见仁，智者见智，没有标准答案。综合诸多过来人的经验，可能有四个字值得参考、借鉴，那就是"真、对、同、好"。

所谓真，就是真心相爱，而且爱的是对方这个"人"本身。只有真心相爱的双方，才能长久甜蜜，无怨无悔。很多时候，你可能爱的并不是对方这个人，而仅仅是他／她（后面简称他）的家庭背景、他的物质财富、他的名声地位、他的容颜身材。人生伴偶的选择如果不是建立在"心"上，终难久远。利益、权势、容貌终会变化，当这些变得不再重要时，感情也就到了尽头了。如果能做到"即使哪一天他一无所有或者身患重疾，我也愿意高兴地陪伴在他的左右"这一点，大概就是找到真爱了。

所谓对，就是能量对等，双方的认知、能力、实力大致相当。古时候说男女双方要"门当户对"，虽有偏颇，在现实里其实也有很大的借鉴意义。我觉得改成双方"能量对等"，会比较切合当下的社会。能量是一个综合的东西，包含了品德、知识、物质、勇气、能力、人脉、身体等。你可以在某一个方面或某几个方面有所造诣，形成与对方相当的能量，而未必需要与对方在具体项目上一一对应。但是，如果你的综合能量与对方相差一大截，你们可能就注定不会走到一起，就算勉强在一起也不会幸福。昨天和一个朋友聊天，他说到他表妹35岁了还没找到男朋友，家里人都很着急。相亲无数次，要么就是她看不上别人，要么就是别人看不上她。这种情况下，极有可能就是她对自己的"能量值"缺乏正确的判断和认识，导致"自视过高"的问题。人人都喜欢美的、好的事物，关键是，你值得拥有吗？

然而，除了少数含着"金钥匙"出生的人，大多数人年少时并不拥有多少"能量"。所以，每个人都需要努力地充实自己、提升自己、修炼自己，通过努力工作来让自己的经济能力和生活品质更好，通过饱读诗书来让自己博学多才，通过努力锻炼来让自己拥有阳光健康的身体，通过修身养性来让自己品德高尚。这样，当你碰到自己的心动对象时，你就会有强大信心，因为以你的"能量"，你值得拥有这么美好的他。

所谓同，就是三观趋同。人与动物的主要区别就在于有思想，有思想就会产生观念。如果价值观、人生观、世界观这三观不同，两个人在一起不要说深入交流，估计就连日常生活也会矛盾多多。比如说一个人把孝敬父母看得很重，另一个却连父母面也不爱见；比如说一个喜欢生活宁静踏实，另一个却天生好赌不务正业……这样的组合，注定会有很多痛苦。钱锺书先生与杨绛先生，就有许多三观高度吻合的事例。新中国成立前，他们有很多"出去"的机会，有联合国教科文组织的邀请，有牛津大学的邀请，也有台湾方面的邀请，他们都拒绝了。钱锺书回信牛津同窗："人的遭遇，终究是和祖国人民接连在一起的。"杨绛完全理解并支持先生，她后来回忆说："我国是国耻重重的弱国，跑出去仰人鼻息，做二等公民，我们不愿意。我们是文化人，爱祖国的文化，爱祖国的文学，爱祖国的语言。一句话，我们是倔强的中国老百姓，不愿做外国人。"

所谓好，就是两个人在一起的时候，生活更好。这个道理可能存在有偏颇的地方，但是总体来说是有参考意义的。当两个人在一起，对其中任何一个人来说，生活质量都必须"1+1＞1"，

否则还不如一个人生活。当然，这里的生活质量包含物质条件，但不仅仅是一时的物质。比如说，一个人虽然目前经济条件相对较差，需要另一个人"接济"，但是他在工作、做人上很努力上进，精神上双方可以互相鼓励支持，而且在可预见的将来生活会越来越好，这也是很好的。但是和一个人在一起后，如果精神上比以前更忧郁烦躁了，经济上比以前更拮据紧巴了，生活的希望比以前更加虚无缥缈了，那么不要留恋，赶紧分手离开，这肯定不会是合适的一对。

　　江苏卫视有一档电视相亲节目叫《非诚勿扰》，已经办了好几年了，我比较感兴趣。我关注的并不是俊男美女，而是喜欢通过这个节目去思考当今社会的择偶婚恋观，以及由此折射出的种种社会现象。电视节目为了收视效果，难免会做一些编排、炒作。但是几年的节目下来，可以发现最后能够牵手成功的，大部分都符合这"真、对、同、好"的原则。尤其是根据"能量对等"和"三观趋同"这两条，很多人一上台，就能判断得出他是否能牵手成功，以及最后反选时会选择谁。

择偶是人生大事，应该尽量由自己去面对和选择。很多人把择偶的希望放在了亲戚朋友的介绍上，撒网式找对象，常常弄得自己很累。其实重要的是，自己要多走出去，多去融入一些圈子，扩大接触面。曾经有好几个大龄单身朋友，在我的建议下去报读MBA，结果书还没读完，心仪的对象先找到了。

同样，择偶是人生大事，尽量不要去将就。人一辈子要活好，关键就在于活在当下、珍惜当下。一个人单身的时候，好好享受自由、独立、安静，这也是一种极好的人生状态；而等你结婚生子了，就要进入爱、责任、付出的生活状态了。一个人的时候，注重读书、健身、旅游、交友、工作，把自己变得越来越好，就是对自己最大的负责。如此这般，好的伴侣离你必将也不远了。

爱好

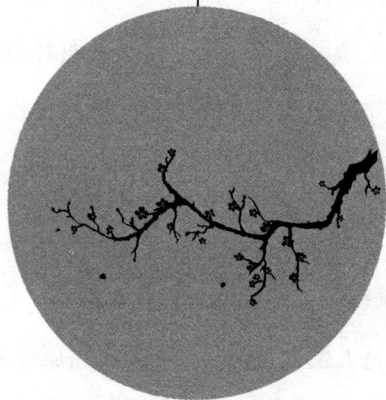

有爱好的人，人生不会过得枯燥。

一个普世意义上的成功人生，或许应该拥有三样东西：一份有所成就的事业、一个健康活力的身体、一样"骨灰级"的爱好。

对待爱好的态度应该有四不，不作恶、不过度、不极端、不损他。

戴尔·卡耐基曾经说过："人人都应有一种深厚的兴趣或爱好，以丰富心灵，为生活添加滋味，同时也许可以借着它，对自己的国家有所贡献。"这句话，对人生的爱好总结很到位。

爱好的类型林林总总，不可穷举，室内包括棋牌类、收集类（邮票、车、酒瓶、原料罐、火柴、钱币，模型等）、音乐类、游戏娱乐类、写作、养宠物、DIY、美食烹饪、服装设计、机器人研究等，户外的有球类运动、水上运动、滑冰滑雪、登山徒步、旅游摄影、田径项目、极限运动、航模等。有些人专其一种，有些人多才多能，共同点在于都能深深感受到其中的快乐。

有爱好的人，人生不会过得枯燥。人的一生，打拼事业、照顾家庭是主旋律，而爱好就是人生的润滑剂。通常情况下它无关乎工作，也不涉及家庭成员；它不需要占据你主要的时间，只是填满工作生活的时间间隙。通过爱好，你可以结识一帮有共同兴趣的朋友，从此人生又多了一角欢乐的天地。

今年国庆节这几天，身边很多朋友都是全家远行旅游，在微信朋友圈里可以将世界各地美景尽收眼底。其中有一帮喜欢摄影的朋友，相约去了泰国，专题拍摄寺庙主题。为了效果，他们专门邀请了两位美女模特朋友助阵，还在当地租了两头大象。期间不断见到他们一些作品的半成品，意境、构图、配色那叫一个惊艳！犹如一幅幅艺术油画，主题直奔人心，画面美不胜收。可以想象，他们在互相切磋时，会有着怎样开心、满足、成就的感觉。

有着共同兴趣的朋友聚在一起的那种快乐，是人生中的一种极单纯、极自在的快乐。

爱好的特点在于，你真的感兴趣，你愿意投入时间，你能够从中获得宁静、愉悦和享受。爱好与事业、家庭共同组成人生的三角形，互相支撑，互相平衡，互相牢固。所以，爱好看起来是在"浪费时间、浪费金钱"，但实际上却有助于更好的工作和生活。

在众多当代中国的成功人士里，王石无疑是最耀眼的明星之一。他一手创办万科，快速成长为万亿市值的企业，他被称为中国地产业的教父。而更为让人印象深刻的，是他的那些爱好，以及由此折射出来的进取、冒险精神。1998 年，47 岁的王石第一

次尝试飞滑翔伞，2000 年在西藏青朴创造了中国飞滑翔伞攀高 6100 米的纪录。2003 年 5 月 22 日 14 点 37 分，52 岁的王石登上珠穆朗玛峰顶，成为中国登顶珠峰年龄最大的一位登山者。随后的 4 年里，他成功登上了 11 座高峰。2014 年 9 月，他当选亚洲赛艇联合会主席。王石曾经给中国移动拍了一条广告，画面背景是正在攀爬的雪山，风雪中他坚定而淡然地说："每个人都是一座山，世上最难攀爬的山，其实是自己。往上走，即便一小步，也有新高度。"当时看到这个广告，每次都让我肃然起敬，"往上走，即便一小步，也有新高度"，说得多好！这应该正是登山给他带来的人生感悟和启示吧，映射到事业和做人上，就能爆发出巨大的正能量。

我们所熟知的那些时代伟人，也大多有着自己的爱好。毛泽东喜欢游泳、吃红烧肉，周恩来擅长打乒乓球，丘吉尔喜欢抽雪茄，布什喜欢骑山地自行车，普京擅长柔道、游泳、滑雪、骑马。中国古代的徐霞客是出了名的喜欢旅游，把爱好变成了自己的事业；谢灵运喜欢登山，经常穿着"谢公屐"。

所以说，爱好与事业、家庭往往存在相互促进的效果。而且，当一个人退休了、职业自由了，爱好就显得更加重要了。它让你的生活依然有追求，有依托，有意义，它甚至成为你新的"事业"。

当然，世间诸事，必须有度。一个人在爱好上的投入，应该根据经济、家庭、身体等条件做好控制，做到"四不"：不作恶、不过度、不极端、不损他。一是不可沉迷"不健康、不正常"的爱好,比如黄、赌、毒,比如极端宗教;二是不可过度追求,切不可玩物丧志,影响了正常的工作和家庭生活;三是不可"走极端、钻牛角尖",有钻研和探索精神是好的,如果过于钻牛角尖,给自己的生活增添烦躁和苦恼,就得不偿失了;四是不可对社会和他人带来不好的影响,比如"大妈们"喜欢跳广场舞无可厚非,但不要影响到别人的正常休息。

一个成功的人生,或许该拥有三样东西,一是一份有所成就的事业,二是一个健康活力的身体,三是一样"骨灰级"的爱好。骨灰级的爱好,代表着有一天你会成为这个领域里"等级高得不能再高"的人。这是一件多么值得自豪、开心的事情,因为你找到了一个可以一辈子增添生活乐趣、提升人生品位的领域和方法,而且,你由此完成了一项人生"极致",站到了人生的新高度。

所以,每一个热爱生活、追求卓越的人,都去好好珍惜、培育自己的爱好吧。如果你已经有了突出、明确的爱好,那么请坚持,并且注意从爱好中吸取人生力量和感悟。如果你还没有一个明确的爱好,那么建议好好考虑这个问题,早日找到自己的爱好,以陶冶情操、丰富人生。

理想

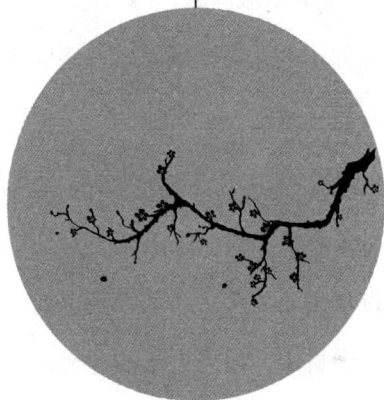

　　一个用理想武装起来的人，浑身发出耀眼的光芒，他的一滴眼泪、一声悲喊、一个转身、一个笑容，都是那么震撼人心。

　　为理想而奋斗，需要志存高远，脚踏实地。

近几年的电视剧，流行起一股抗日战争为主题的热潮。由于数量太过泛滥，确实有小部分抗战剧是粗编滥造、脱离常识，以至于出现"裤裆掏手榴弹"等闹剧。不过对于我来说，偶尔看会儿电视的时候，抗战剧依然是首选。究其原因，主要是被其中的时代精神和人物气质所深深吸引。这个时代的人们，心怀救国为民的伟大理想，不怕前路艰难险阻，不计个人生死安危，积极乐观、勇往直前，因为信仰，赴死者慷慨而歌，坚守者坚韧如山。军号响起，红旗猎猎，枪林弹雨，正气浩荡。一个用理想武装起来的人，浑身发出耀眼的光芒，他的一滴眼泪、一声悲喊、一个转身、一个笑容，都是那么震撼人心。

所以，我觉得理想之于人生，是极其重要的。就像灯塔之于大海，就像马达之于机床。树立自己的理想，并尽自己毕生努力为之奋斗，大概也是人生最幸福的事了。理想就像是一面旗帜，它指引着你往一个目的地持续地前进，不管是在黑夜白天，不管是在高岗低洼，只要你望着它，你就有使不完的力气，你就有想不到的勇气。

如今国内的真人选秀节目非常多，经常会有主持人或嘉宾问选手："你的梦想是什么？"这时，每个选手都会立马认真起来，说出各色各样的人生理想。有很小的，也有很大的；有很物质的，也有很精神的；有常人能理解的，也有很天马行空的。但这些确是人生理想，它是一个个明确的目标，需要通过努力拼搏才有可

能实现。

　　刚毕业那阵，我给自己定了个工作目标：成为国内最优秀的通信行业营销专家之一。走起来我才发现这个目标非常遥远，但还好坚持了下来，并一直在为之努力。这 13 年间，我在企业内部的技术线、综合线、营销线都干过，从基层走向市公司、再从市公司走向省公司，积极参加 IBM、思科、苹果、华为等行业内标杆企业组织的各类培训，长期跟踪国外运营商的网站和新闻，与全国各地的精英同行们保持密切互动。做这些事情，都需要花很多别人看不见的时间和精力，而我却乐此不疲，因为这些都是在为理想而努力，因为值得，所以无悔。就在去年年底，我被评上了集团公司的市场营销 B 级人才，虽然这个成绩不算什么，但自己还是挺开心，因为我朝目标又跨近了一步。苏格拉底说，世界上最快乐的事情，莫过于为理想而奋斗，的确如此。

为理想而奋斗，需要志存高远，脚踏实地。在我看来，理想可分为终生梦想和短期目标两类。终生梦想是一盏人生的明灯，始终引导着你的内心和脚步；短期目标是一个个的驿站，它让你触手可及。

在一次会议上，李嘉诚问道："你开车进加油站后最想做的事情是什么？"底下众人异口同声地回答："加油！"李嘉诚听了脸上露出失望的表情，大家又开始七嘴八舌地补充道：喝水、休息、吃东西、上厕所……李嘉诚告诉大家："开车进加油站的人，最想做的应该是早一点离开，朝着目的地继续他的旅程。"李嘉诚想说的是，人生当然有很多目标、有很多事要忙，但是这些都会从属于一个远大的理想和目标。树立远大目标，始终坚持努力，李嘉诚才能有今天的辉煌成就。

人生的终生理想，可以尽量把目标定得高一点、远一点。人生的理想，仿如一座高山的山顶，需要用一辈子去努力、去接近，山越高，内心的潜能和激情就会得到越大的激发。一抬头，望见巍峨山峰屹立在前，可以想象无限风光在险峰的种种美妙；低头的时候，就会心无旁骛、奋勇朝前地去攀爬、去征服。立下远大志向的人，才会有压力和动力，才会目光长远、心胸开阔，面对困难和考验会更加坚定和自信。

同时，制定短期的奋斗目标也十分重要。比如半年或一年目标，就可以很具体、很实际，定下来后就一定去实现。这样长期坚持下来，成绩会非常喜人。比如说，每个新年的第一天，你给自己定下这一年要完成的10件事，可以是读多少本书、出游哪里、坚持跑步锻炼等，到7月份的时候中途检查以下，时间落下多的要赶紧加油追上，然后在年底的最后一天再来对照检查完成度如何。这个方式非常有效，坚持下去，每年都会感觉到收获满满，时光没有浪费、没有空度。

立志要如山，行道要如水。不如山，不能坚定；不如水，不能曲达。理想明确了，在一定的时期内就要坚定、坚守，使之扎根内心，化于日常的自觉行动。但是行道要如水，要因地制宜、因时而变。外部环境是在时时变化的，未来的挑战和困难也很难准确预计，不断自我调整、见招拆招，才能一步一步地往前迈进。

李嘉诚曾说过："士人第一要有志，第二要有识，第三要有恒，有志则不甘下流，有识则学问无尽，有恒则断无不成之事。"

想要活得带劲吗，想要活得够味吗，想要再怎么奔跑也不觉得累吗，想要每天的笑容都灿若夏花吗，那就给自己点亮理想的明灯吧，并矢志不渝地去实现它。

幸
福

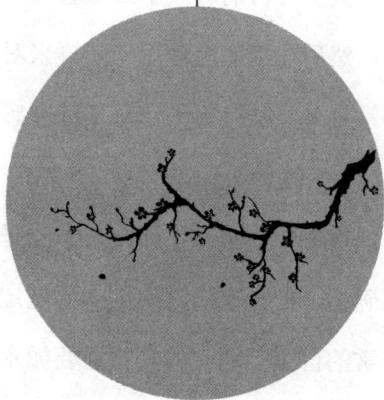

所有靠物质支撑的幸福感，都不能持久，都会随着物质的离去而离去。只有心灵的淡定宁静，继而产生的身心愉悦，才是幸福的真正源泉。

人生的幸福，来自于内心的安定、知足和感恩。

能够选择并坚持自己喜欢的生活方式，就是一种莫大的幸福。

我经常会向刚认识不久的朋友问一个问题，"你觉得自己想要的幸福是什么？或者说你觉得自己的人生终极追求是什么？"很多时候，被问到的朋友会笑着说还没想过这个问题。当然，也有一些朋友会回答得很深刻，让旁人侧目深思。

每个人对幸福的理解都不同，而且往往每个人随着年龄的增长，自己内心的幸福答案也在变化。年幼的时候，可能觉得能出去看看外面的大世界就是幸福；长大后，可能觉得考上自己向往的大学、去到自己喜欢的城市就是幸福；工作后可能觉得买得起车、买得起房就是幸福；谈恋爱的时候，会觉得自己喜欢的那个人恰好也喜欢自己就是最大的幸福；工作拼搏一定年限后，会觉得事业有成就是幸福；年龄渐长，会觉得父母健在、亲人和睦就是幸福；再后来，有一天会觉得，健康就是幸福，活着就是幸福。

这些答案都没错，因为每个人的生活环境不一样，出发点、目的地各不相同。但是幸福并不是无迹可寻，并不是杂乱无章。如果深入思考、反复琢磨，我们就能破解追求人生幸福的密码。

1988 年 4 月，美国哥伦比亚大学哲学博士霍华德·金森，将他的毕业论文课题定为"人的幸福感取决于什么"。他通过问卷调查和统计分析，发现了一个有意思的情况，回收的 5200 张问卷中，仅有 121 人认为自己非常幸福。这其中有 50 人是这座城市的成功人士，他们的幸福感主要源自事业的成功。而另外的 71 人，有普通的家庭主妇、有小职员、有流浪汉。这些人对物质没有太多的要求，平淡自守、安贫乐道。所以霍华德·金森得出结论：这个世界上有两种人最幸福，一种是淡泊宁静的人，通过修炼内心、减少欲望来获得幸福；一种是功成名就的杰出者，通过进取拼搏和事业成功来获得更高层次的幸福感。

看起来，这个结论多么完美！所谓"穷则独善其身，达则兼济天下"，大抵也是这个意思。20多年后，2009年6月，一个偶然的机会，霍华德·金森教想看看当初"非常幸福"的121个人现在怎样了。调查结果让人大跌眼镜，当年71名平凡者，有2人去世，其余的69人仍然觉得自己"非常幸福"；而那50名成功者，仅有9人事业一帆风顺而依然表示"非常幸福"，23人选择了"一般"，16人因事业受挫选择了"痛苦"，另有2人选择

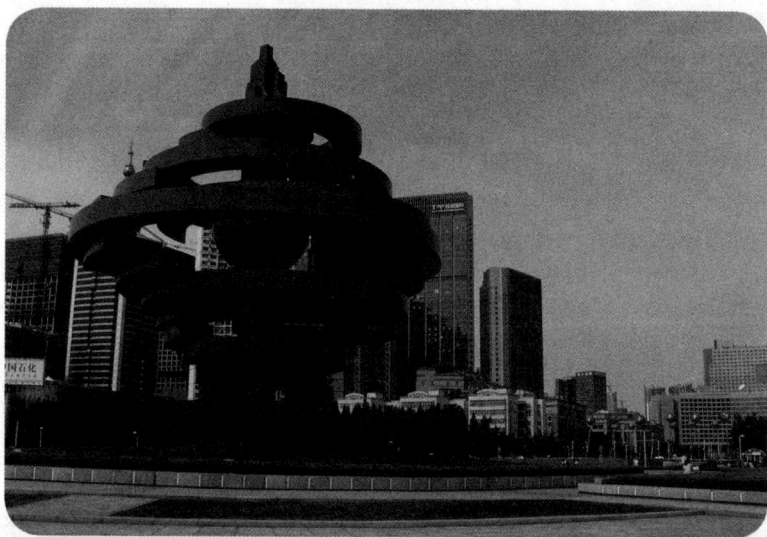

了"非常痛苦"。经过思考，霍华德·金森以"幸福的密码"为题在《华盛顿邮报》上发表了一篇论文，结论是："所有靠物质支撑的幸福感，都不能持久，都会随着物质的离去而离去。只有心灵的淡定宁静，继而产生的身心愉悦，才是幸福的真正源泉。"

在生活中，很多人会羡慕他人拿高薪、开名车、住豪宅，觉得这样的人生活一定很幸福吧。他不知道，或者没去想的是，高薪背后是高压力，别人的精神和身体在时时受到极限挑战；名车背后是高花费保养，甚至有很多人是为了生意场合需要而贷巨款买的，每天都要面对利息压力；豪宅背后可能也有按揭还贷的压力，而且郊区别墅还有蚊蝇叮咬与交通不便等麻烦。物质带来的幸福感极为短暂，比如加薪水，可能只在当初的1—2个月有幸福感，随后就恢复平淡，觉得那本来就是自己该拿的了；刚买好车的那几天，可能异常兴奋，一大早睡不着，天微微亮就到车库去擦摸摆弄，但不出多久，就会不那么上心，甚至一个月都不洗车了。

然而，有些事情你会一直铭刻在心，会一直在今后的岁月里温暖内心、激励前行。比如说，小时候寒冷冬天的夜晚，母亲为你在煤油灯下纳鞋底到深夜的情景；比如说你第一次考试拿了100分，父母奖励你的一碗简单面条，里面卧着的两个荷包蛋；比如说，你的第一次任性未归，第二天父亲的暴跳如雷，和母亲布满血丝的眼睛；比如说，你考上了远方的大学，一家人的喜悦相拥，这时才发现的双亲脸上的皱纹。

所以说，物质上的满足带来的幸福感是暂时的、短暂的，只有精神上、心灵上的满足带来的身心愉悦，才是长久的、真正的幸福。人生的幸福，来自于内心的安定、知足和感恩。

现代幸福学家认为，人生的幸福有六个特点。第一，有些幸福是暂时的。对于能让自己幸福的事物，习惯以后，幸福感会日益淡化。第二，幸福感是递减的。天热口渴的时候，喝第一杯凉水是特别幸福的，但是接着第二杯、第三杯的感觉就大不如前了。第三，获得幸福的经历越曲折，幸福感会越大。比如一个人不远万里磕长头到拉萨，一路上风餐露宿、千难万苦，到达目的地的那一刻，他会感觉到无比幸福。第四，没有渴求就没有幸福。只有喜欢和追求的某样东西，得到时才会感到幸福。如果是不想要的东西，得到时不会有任何幸福感。第五，幸福是需要感觉的。就算住在豪华的别墅里，如果不觉得心满意足，也不叫幸福。第六，幸福感的获得，需要有愉快的心情。由此可见，幸福虽然与外界环境有关系，但最终还是要向内心寻觅。

如果自问，什么是我想要的幸福？大概从我大学开始就在琢磨这个问题，未曾停歇。曾经我也有很多答案，但在最近的这两年里，有一个答案越来越清晰，那就是能够选择并坚持自己喜欢的生活方式。选择并坚持自己喜欢的生活方式，并非易事，它既需要你本人的不懈努力，也需要周围的人理解支持。为什么欧美的人们，看起来好像要比我们的幸福指数高，可能很重要的一点就是他们对于选择生活方式的主动性和可能性。他们往往不介意自己工作的种类和性质，一生中会到数个城市居住生活，为了增加阅历愿意在年轻的时候花费数年游学世界。当然，他们有着更完善的福利保障，和更加自由开放的社会观念。但是，尊重每个个体的生活方式，而且让每个人都能达成他想要的生活方式，这必将是未来社会发展进步的一大方向。

人不但要找到"幸福是什么"的答案，还要时时懂得珍惜和感恩，这样的幸福才能真切、长久。很多时候，我们口头说活在当下、感恩拥有，但心里面经常并没有这么去想。2006年我的西藏之行，解开了许多当时碰到的生活、工作上的问题，而且有一点感悟特别深切，那就是平时的生活、工作条件其实已经很幸福，回去后要好好珍惜。因为在沱沱河、在那曲山口，那种缺氧而呼吸困难的感觉令人难忘；在拉萨，有一晚由于高原和干燥的原因，自己半夜开始流鼻血，用纸杯偷偷地接满了一杯才用棉花止住。鼻血止不住地流的时候，我甚至在想我的生命会终结在这片高原上吗？经历过这些，才懂得在平原、在大城市里工作和生活，本身就是一种极大的幸福，需要好好珍惜、好好努力。

幸福就是让自己的心得到安定和满足。它并不遥远，只待我们用心感受，满心欢喜地接受一切，感恩分享所拥有的一切。如果没有意识到这一点，把幸福一味寄托在外物上，那即使奔波了一辈子，也未必能得到幸福，反而会使自己离幸福越来越远。

感恩

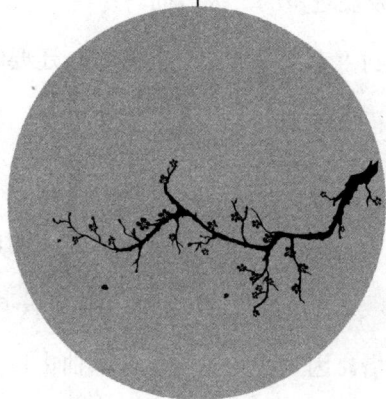

一个人格高尚的人，对于他人的帮助和恩情，会永远铭刻于心，时时提醒自己感恩、念恩、报恩。

懂得感恩的人，必定更懂珍惜、付出、实干。

在所有要感谢的人当中，尤其要感谢三个人，他们就是父母、老师、恩人。

年少的时候，很多人并不真正懂得感恩二字。许多事情，都觉得是理所当然，甚至偶尔还会觉得这世上有诸多的不公。对人说出的谢谢二字，经常只是一种客套，并未走心。而随着人生经历的增加，才发现感恩是人生一种极重要的品质。每一步知识和能力的成长，每一个困难挑战的度过，每一天开朗愉悦的心情，无一离得开周围的人所给予的善意、支持和帮助。一个品格高尚的人，对于他人的帮助和恩情，会永远铭刻于心，时时提醒自己感恩、念恩、报恩。

　　懂得感恩的人，必定懂得珍惜。懂得别人对自己的付出和善意，就会知道今天的一切都来之不易，了悟"一切都是最好的安排"，从而倍感珍惜。珍惜带来知足，知足催生快乐，这样的正循环，让人生充满正能量。

　　懂得感恩的人，必将更懂付出。"我为人人，人人为我"，是一个颠扑不破的真理。除了父母、老师，其他人肯始终对你好，大多是因为你的行为也对他们好过，或者你的品行值得他们对你好。懂感恩的人，在受到别人的帮助后，又会进一步去奉献自己、利益他人。索达吉堪布曾讲过他小时候上学的故事。他15岁才开始上小学，之前是文盲，天天放牦牛。当时是因为他弟弟不肯去学校读书，家人害怕罚款，没办法就把他送去学校代替弟弟读书，从而走上了人生成就之路。如果索达吉堪布不肯"付出"，代弟读书，他就不会有今天的成就。

懂得感恩的人，必会益发实干。"滴水之恩，涌泉相报。"感恩不能仅留言语间，还须以更大的努力去实干、去进步，这样才不枉费帮你的人的心意，同时也能让自己在将来有能力回报别人。一个不思进取、随波逐流的人，别人见了很难伸出支援之手，就算帮助一次，也不会再有第二次。俗话说"救急不救穷"，别人的帮助是一时的，长久的发展、成就必须靠自己的双手。

《贤愚经》中提到无常四边："聚际必散，积际必尽，生际必死，高际必坠。"明白这无常四边的道理，人生轨迹的许多规律也就不难理解了。懂得感恩的人，就能很大程度地去减轻这些人生变化带来的痛苦，让自己生活得更加积极、清澈、正能量。首先是要珍惜当下。珍惜和自己喜欢的人在一起的每个时刻，全心全意、满心欢喜，那么就算有走散的那一天，心中也不会那么遗憾了。其次是不断付出。真正的幸福感不在于索取，而是在于奉献和付出。当一个人常常付出时，他就不会那么执念于自己拥有的东西，更容易"放下"。最后是努力实干。人生有高有低、有顺利有逆境，唯有实干，可以让人不断变得比昨天更好。

在所有要感谢的人当中，尤其要感谢三个人，他们就是父母、老师、恩人。这三个人，分别在你的人生里扮演着生养你、教化你、帮助你的角色，而且几乎都是竭尽全力、不图回报。父母就是每个人身边的"菩萨"，需要一辈子去尊敬和孝顺。每个当过父母的人，都会更深刻地懂得一路走来父母对自己到底有多好。父母

给予自己的，不仅是生育之恩，更是用其一生的时间来护佑和陪伴你，不论你在人生路上是高是低，他们始终在你身旁。老师，是给学生传道、授业、解惑的指路明灯，是为了学生的成长一直在施肥和浇水的园丁。师生之道，全在于知识本身，无血缘关系、无利益交集，干干净净、坦坦荡荡。越是有成就的人，越是对老师的恩情念念不忘，铭刻一生。而恩人，就是那个在你人生最无助、最困难的时候拉你一把的人。平时生活中给予各种帮助的人或许有很多，但在人生关键当口，有缘分、有能力帮到你的人并不多。不论自己走得多远，永远不能忘记这些人对你的好。

写到这里，我的眼前便出现了一个人，那就是我的表姐。1997年我考上大学，学费加生活费是一笔很大的数字，家里一下子拿不出这么多钱。城里生活的表姐知道后，二话没说就借了这钱给我父母，让我少了许多别的同学家那样到处筹钱的窘况。9月4日我出发的那天，母亲、表姐把我送到火车站，看到我上了火车找到铺位才折返回去。谁知道，第一次坐火车出远门的我，竟然碰到了极为戏剧的一幕，我刚坐到卧铺上，另有一个大叔也凑了过来，说这床位是他的。拿出票一对，原来我的票买成了9月5日的。没见过世面的自己，极度紧张，赶紧从即将徐徐发动的火车上下来，一路追赶已经回到半路的母亲与表姐她们。表姐知道我心里着急，因为明天就是报到的日子，必须今天走。她立刻回到火车站，找熟人临时买了两张下一趟到广州的站票。她估计我已经被吓蒙了，就决定自己亲自送我到学校。而她，没来得及带任何行李，没来得及安排好工作和家里的事，就跟我来广州了。到了学校，她跑前跑后，帮我整理床铺、置备生活用品。晚上她挤住在学校简陋的招待所，吃在学校饭堂，看到我已经开始熟悉了这里，她才返程回家。一晃时间过去了18年，上学那天摇摇晃晃、开了一宿的火车，始终在我心里。表姐对我的好，远不止于金钱上的帮助，更在于她那真切深厚的姐弟情谊。

感恩不止于对人，也需要学会对环境、际遇感恩。李嘉诚就把他的成功归于"赶上了最好的时代"。事实上，对于一个懂得感恩、用心做事的人来说，顺境、逆境并无差别，都是助力。比如说逆境，人生难免会碰到失败和低谷，如果你把逆境当作一种机会和考验，你就能得到比别人更多的锻炼，也就能更快地接近成功。孟子曰，故天将降大任于斯人也，必将苦其心志，劳其筋骨，饿其体肤，空乏其身，行拂乱其所为，所以动心忍性，曾益其所不能。"绕远路、走错路"的结果，恰如一个人迷路走入深山，别人在为你着急担心，但你自己或许却因此而采集到一些珍贵花草，学会一身"世外武功"。杨绛先生说，"如果要锻炼一个能做大事的人，必定要叫他吃苦受累，百不称心，才能养成坚忍的性格。一个人经过不同程度的锻炼，就获得不同程度的修养，不同程度的效益。好比香料，捣得越碎，磨得愈细，香得愈浓烈。"

感恩不止于大是大非，也在于日常生活中的点点滴滴。在工作场合，上司的一句提点可能让你少走许多弯路，同事的主动帮忙可能让你在项目攻关时如虎添翼。当你在会议室面对领导"穷追猛打"式的发问时，旁观的同事一句善意的解释，可能就让气氛瞬间"晴空万里"。在生活中更是如此，比如在保险公司工作的朋友，每年都记得准时帮你垫钱代买车险，让你省时省心；比如邻居在你工作繁忙的周末帮你照看小孩，当你的车子在 4S 店保养，他把自己的爱车借你急用……用感恩的心看待生活，会发现处处是阳光、处处是美景。

念恩、感恩，既是在尊重别人，也是在成就自己。不管是怎样的帮助和恩德，哪怕再小，我们也要尽力报答。即使暂时没有能力，也要时时知恩、念恩，懂得感恩。通过不断努力，力争有一天，可以用更好的成绩、更好的自己来安慰和回报对方。

活
法

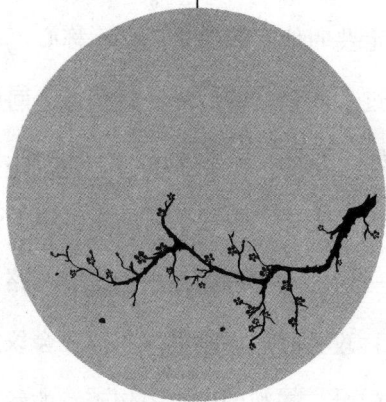

一个有着清晰活法的人，人生方向便不再模糊，生活轨迹便不再摇摆，想法做法便不再矛盾。

安心，就是修心养性，让心安住，达到真善、透彻、自在、圆满的人生状态。

利他成己把心安，活出人生正能量。

我们生活在这个时代里，经常会出现很多奇怪和矛盾的想法。急于成长，然后又哀叹失去的童年；以健康换金钱，不久后又用金钱去恢复健康；活着时觉得死亡离自己很远，临死前又仿佛从未活够；时时对未来焦虑不已，却又对眼下的幸福视而不见……

活得这么矛盾，无疑是人生的最大悲哀。所以，正如开篇所言，我们必须要弄清楚人生的目的与意义，以及由此而得出的活法。一个有着清晰活法的人，人生方向便不再模糊，生活轨迹便不再摇摆，想法做法便不再矛盾。这样的人，就会成为一个活得明白、活得自在的人。

在我看来，人生的活法可以总结为这么一句话：

利他成己把心安，活出人生正能量。

成己，就是让自己有所成就，活出价值和意义。

人的一生，就是一个完成自己的过程。通过自己的学习和努力，使得自己有所成就，小到能做成几件自己想做的事，大到能对这个世界有所贡献，这样的人生就有了丰富的价值和意义。稻盛和夫先生说，人通过努力，在离开这个世界时，使自己的灵魂比来到的时候更加纯净高贵一些，就是活着的意义。稻盛和夫先生还把人生和事业成功的路径总结成了一个公式，极有启发意义，即：

人生·工作的成就 = 能力 × 激情 × 思维模式。

这个公式的精妙之处，一是提炼出了三项关键要素；二是使用了乘法关系。的确，一个人要想事业成功、人生成就，既不能少了能力、激情，也不能没有正确的思维模式。人的能力，由自小的学习和锻炼而来，读书、听教、广闻、多思、历练，言行合一、循序渐进，逐达臻境。宝剑锋从磨砺出，梅花香自苦寒来，用心学习，必有所成。人的激情，来自对更好未来的追求与信心。所以，知道自己的奋斗目标，并坚信自己能够做到，就会每天都保持满腔激情，甚至在挑战、困难面前越战越勇。而思维模式，就是看待事情的角度和方法，来自于个人的生活背景、思维习惯、悟性感知。在人生成就的公式里，这一项最为关键，因为它有"正""负"之分，如果是"负"的思维模式，那么你越努力、越激情，可能最终的效果越反面，带来的烦恼与困顿越深。

保持正确的思维模式，对于人过好自己一生至关重要。比如在工作上，有些人毕业于名牌大学，智商自然不低，做事情也保持很努力的状态，但总感觉得不到领导和组织的认可。愈努力，愈感觉付出和得到之间严重失衡，心中的郁闷和痛苦难以言说。如果拿稻盛和夫先生的这个公式来对照，就会发现十有八九是思维模式出了问题。你很努力，但是你努力的方向与重点对不对？你很努力，但是你努力时的工作技巧与效率够不够？你很努力，但是你努力后的成果大不大？你很努力，是你自己觉得很努力，还是你的上司、同事觉得你很努力？在这种情况下，虚心请教上司或者有经验的同事，深入反省内心，调整好自己的思维模式，

才能在工作上得到改进与提高。不然，即使你换了工作岗位，甚至跳槽换了企业，同样的问题可能也会再碰到。

利他，就是做好事、利他人，这是一个人人生价值的另外一面。

说好话、做好事、当好人，就是一个人日常生活中利他的行为准则。《老子》云，"上善若水。水善利万物而不争，处众人之所恶，故几于道。"最高境界的善行，就像水的品性一样，泽被万物而不争名利。有智者说，三种活法最快乐，那就是"金钱要布施，爱情要奉献，名声要服务于众生"。归根到底，人生对他人的奉献、给予才能带来快乐，而一味地索取只会让自己掉进欲望的深渊。利他，反而是最大的利己。

比尔·盖茨是全球最富有的几个人之一，截至 2013 年，他发起的慈善基金（比尔和梅林达基金会）已经捐出 280 亿美元。盖茨 95% 的个人财富都进入基金会，而且会在他和妻子去世后的 20 年内全部捐赠出去。盖茨这样描述他做慈善的原因："人生而平等，金钱只有分配到世界上最穷的地方去才能产生最大的价值。我们希望别人怎么对待自己，就应该怎么对待别人。"

安心，就是修心养性，让心安住，达到真善、透彻、自在、圆满的人生状态。

修炼内心，臻于至善，是人生修为中最艰难、最重要的部分。就我看来，修心性主要在于两个方面，一是"知善恶"；一是"知自在"。

明朝思想家、心学家王守仁，用四句话概括了他的阳明心学精髓："无善无恶心之体，有善有恶意之动。知善知恶是良知，为善去恶是格物。"对一个人来说，本没有善恶、才愚、凡圣之分，思善、行善即为善，怀恶、行恶即为恶。只要你当前做到"知善知恶"，并能"从善去恶"，那就是圣贤。"真善美"是普世的价值观，需要每个人穷其一生去参悟、去追求、去笃行。

而在另一个层面，修心性是对自我内心的观照、反省、沉淀和升华，从而达到通透、自在的境界。由"戒"入"定"，由"定"生"慧"，内心宁静的人，就容易得到彻悟了。看破之后，便是"一念放下、万般自在"。看破、放下、自在，就是佛家的人生三悟。

能够了悟至此的人，便能够做到凡事事前尽力而为、事后随遇而安，便能够面对得失时知道"得知我幸，不得我命"，从而心性淡定、荣辱不惊；从而感恩在心、知足常乐。杨绛先生在《一百岁感言》中有段话发人深省："我们曾如此渴望命运的波澜，到最后才发现：人生最曼妙的风景，竟是内心的淡定与从容。我们曾如此期盼外界的认可，可到最后才知道：世界是自己的，与他人毫无关系。"

所以，正能量才是人生活法的主旋律。工作上，尽量勤奋、用心、求变、精进、坚持。做人上，尽量行善、谦虚、守诺、孝顺、感恩。生活上，热爱读书、旅行、交友，坚持理想，懂得惜时，注重健康。

如此，人生必定精彩，幸福就在眼前。